U0169432

国家能源集团
锅炉"四管"防磨防爆工作手册

国家能源投资集团有限责任公司　组编

中国电力出版社
CHINA ELECTRIC POWER PRESS

内容提要

为规范集团公司火电机组锅炉"四管"防磨防爆专项工作，明确防磨防爆管理标准及要求，使锅炉防磨防爆工作系统化、规范化、程序化、标准化，依据电力行业及集团公司相关规范制度的有关要求，集团公司生产技术部组织编写了本手册。内容包括组织与职责、技术管理、运行管理、检修管理、采暖供热机组管理、受热面升级改造管理、焊接工艺及质量管控、技术监督、专项技术措施等方面规定。手册中收集了大量典型锅炉"四管"失效案例，对火力发电企业防范"四管"事故发生及事故发生后及时有效的处理具有较强的指导意义。

本手册可供火电企业生产管理人员及技术人员参考使用。

图书在版编目（CIP）数据

国家能源集团锅炉"四管"防磨防爆工作手册 / 国家能源投资集团有限责任公司组编. —北京：中国电力出版社，2022.5

ISBN 978-7-5198-6745-4

Ⅰ.①国…　Ⅱ.①国…　Ⅲ.①锅炉－安全技术－技术手册　Ⅳ.① TK223.6–62

中国版本图书馆 CIP 数据核字（2022）第 077701 号

出版发行：中国电力出版社
地　　址：北京市东城区北京站西街 19 号（邮政编码 100005）
网　　址：http：//www.cepp.sgcc.com.cn
责任编辑：张　瑶（010–63412503）
责任校对：黄　蓓　常燕昆
装帧设计：张俊霞
责任印制：石　雷

印　　刷：三河市万龙印装有限公司
版　　次：2022 年 5 月第一版
印　　次：2022 年 5 月北京第一次印刷
开　　本：787 毫米 ×1092 毫米　　16 开本
印　　张：14
字　　数：298 千字
定　　价：90.00 元

本书编委会

安全生产是火电企业发展的生命线，提高设备可靠性是安全生产的重要保障。锅炉水冷壁、过热器、再热器和省煤器（简称锅炉"四管"）泄漏是造成火力发电机组非计划停运的主要原因，而锅炉防磨防爆检查作为预防与控制锅炉"四管"泄漏的首要措施，是控降火电机组非计划停运的最有效手段。

锅炉"四管"涵盖了所有锅炉受热面，其内部承受着工质流动过程中的高温高压冲击，外部又处于高温及腐蚀性环境，特别是焊口、弯头及焊接附件区域，更容易发生因过热、磨损、腐蚀、应力撕裂、焊接问题、材质不良等缺陷造成的锅炉"四管"泄漏事故。

锅炉"四管"防磨防爆工作是一项专业性、规范性、技术性非常强的系统性工程，必须严格按照相关规程和规定的要求，对锅炉承压部件开展包括设计、制造、安装、运行、检修和检验的全过程管理。防磨防爆工作重在制度、体系建设和组织管理，各火电企业必须建立锅炉防磨防爆管理体系，制订防磨防爆管理制度，明确组织机构与职责，加强专业人员技能培训，定期组织经验交流，健全防磨防爆技术档案，完善锅炉防磨防爆管理台账。

火电机组在运行过程中，要做好发电设备的特性研究，不断提高运行管理水平；加强燃料管理，做好混煤掺烧工作；加强吹灰管理，严密监视吹灰器的运行状态；重视锅炉金属和化学监督，加强锅炉"四管"泄漏事故分析，掌握锅炉"四管"泄漏的原因和规律。同时，汲取非计划停运教训，全面排查隐患，及时采取针对性措施，防止同类型锅炉"四管"泄漏事故重复发生。

为规范集团公司火电企业锅炉防磨防爆专项工作，明确防磨防爆管理的标准及要求，使锅炉防磨防爆专项工作系统化、规范化、程序化、标准化，依据电力行业及集团公司相关规范制度的有关要求，特制定本工作手册。

本工作手册适用于集团公司内所有火电企业。

本工作手册由集团公司电力产业管理部归口管理。

编者

2022 年 2 月

第一章 总则

第一条 为规范和加强国家能源投资集团有限责任公司（简称集团公司）燃煤锅炉水冷壁、过热器、再热器和省煤器管（简称"四管"）及机炉外管泄漏防治管理工作，提高机组运行可靠性，根据国家及行业有关规范、标准和集团公司相关规定，制定本工作手册。

第二条 本工作手册引用文件。

（一）《电力工业锅炉压力容器监察规程》（DL/T 612—2017）

（二）《电站锅炉压力容器检验规程》（DL 647—2018）

（三）《火力发电厂锅炉受热面管监督检验技术导则》（DL/T 939—2016）

（四）《燃煤火力发电企业设备检修导则》（DL/T 838—2017）

（五）《火力发电厂锅炉机组检修导则》（DL/T 748—2016）

（六）《火力发电厂金属技术监督规程》（DL/T 438—2016）

（七）《火力发电厂焊接技术规程》（DL/T 869—2012）

（八）《火力发电机组及蒸汽动力设备水汽质量》（GB/T 12145—2016）

（九）《火力发电厂停（备）用热力设备防锈蚀导则》（DL/T 956—2017）

（十）《防止火电厂锅炉"四管"爆漏技术导则》（能源电〔1992〕1069号）

（十一）《防止电力生产事故的二十五项重点要求》（国能安全〔2014〕161号）

（十二）《防止锅炉"四管"泄漏技术导则》（国家能源投资集团有限责任公司企业标准 Q/GN 0044—2021）

（十三）《国家能源投资集团有限责任公司电力产业技术监督实施细则》（国家能源制度〔2020〕226号）

第三条 防治"四管"及机炉外管泄漏工作应遵循"逢停必查、查必查清、修必修好"的原则，坚持"落实责任、闭环控制"的方法，确保工作实效。

第四条 本工作手册适用于集团公司所属火电企业，自备电站可参照执行。

第二章 组织与职责

第五条 火电企业是防治锅炉"四管"泄漏工作的责任主体；子分公司负责相关计划、方案落实的监督和验收；集团公司电力产业管理部负责指导和考核，委托集团公司内部技术监督支持单位开展相关工作。

第六条 集团公司电力产业管理部职责。

（一）指导各单位规范锅炉"四管"防磨防爆管理等工作。

（二）确定集团公司年度"四管"泄漏重点治理机组，审批"四管"治理检修技改项目计划。

（三）制订防治"四管"泄漏工作督查计划，委托内部技术监督支持单位具体实施，结果纳入企业考评。

（四）实行"四管"泄漏"说清楚"和"责任追查制"。发生"四管"泄漏，要求子分公司、技术监督中心说清楚管理问题和设备问题，管理原因造成的"四管"泄漏，追查子分公司、内部技术监督支持单位防治"四管"泄漏履职履责情况。

第七条 内部技术监督支持单位职责。

（一）监督检查火电企业贯彻、执行国家及行业有关规范、标准和集团公司相关规定的情况。

（二）组建"四管"泄漏技术支持与调查分析专家库，吸纳锅炉、金属、化学、热控等专业人员参加。受集团公司委派，组织开展典型事件原因分析，参与治理方案编制及审核。

（三）建立集团公司"四管"数据库并做好维护、管理，汇总分析各火电企业报送的"四管"泄漏相关信息，对共性重要问题发布预警。

（四）审定年度"四管"泄漏重点治理机组计划，并参加技术方案审查。

（五）落实集团公司防治"四管"泄漏工作督查计划，按要求检查火电企业防治"四管"泄漏技术管理、工作计划、技术措施和工作总结等内容，提出意见、建议。

（六）归纳、分析、诊断和总结技术监督平台报表、技术监督评价和技术服务有关信息，定期编制防治"四管"泄漏工作简报。

（七）对"四管"泄漏重大难题、重大隐患和重复性泄漏事件，组织开展技术攻关和科技研发。

（八）开展防治"四管"泄漏技术交流和培训，推广先进管理经验和新技术、新设备、新材料、新工艺。

第八条 子分公司职责。

（一）负责制订子分公司年度防治燃煤锅炉"四管"泄漏重点工作，落实专项措施。

（二）监督和考评所属火电企业防治"四管"泄漏工作，督促检查防治"四管"泄漏组织体系落地及运转情况。

（三）审定所属火电企业防治"四管"泄漏工作相关的检修、技改和科研项目计划；报送重点治理机组名单，审核专项治理计划。

（四）督促所属火电企业落实"四管"治理项目和计划，对重要问题限期整改并负责验收。

（五）组织典型"四管"泄漏事故的分析，参与治理技术方案的制定。

（六）督导检查所属火电企业完善"四管"技术档案，及时、如实填报"四管"泄漏情况及原因分析等信息。

（七）督促所属火电企业加强对防治"四管"泄漏工作的技术培训，不断提高从业人员专业水平。

第九条 火电企业职责。

（一）贯彻执行国家及行业有关规范、标准和集团公司防治"四管"泄漏相关规定。

（二）制定本企业《锅炉防磨防爆管理标准》实施细则。

（三）设立由生产副总经理任组长的防磨防爆小组，小组成员应包括生技、运行、设备等生产部门的锅炉、金属、锅炉压力容器、化学及热工等专业人员。小组成员应突出专业性和务实性，职责明确，并保持人员组成相对稳定。

第十条 防磨防爆小组组长主要职责。

（一）全面负责本企业内锅炉防磨防爆管理工作。

（二）负责组织制订锅炉防磨防爆管理制度、标准，并批准执行。

（三）负责组织制订锅炉防磨防爆治理三年滚动规划及锅炉年度防磨防爆治理计划；组织锅炉防磨防爆年会和检修前锅炉防磨防爆专题会；监督、检查防磨防爆检查三级验收情况及防磨防爆奖励落实情况，确保锅炉防磨防爆管理体系有效运作。

（四）负责批准"锅炉受热面管材升级改造方案"及费用。

第十一条 生产技术部、设备部经理主要职责。

（一）任锅炉防磨防爆小组副组长。

（二）负责锅炉防磨防爆监督、评价工作；负责防磨防爆组织实施工作。

（三）负责审核"锅炉防磨防爆三年滚动计划"和"锅炉受热面年度检修项目计划"。

（四）负责审核"锅炉受热面管材升级改造方案"及费用。

（五）负责锅炉受热面检修协调、监督、检查。

（六）负责组织有关人员解决检修维护过程中的重大技术问题。

（七）负责组织检修工程总体验收与评价工作。

第十二条　生产技术部、设备部锅炉主管主要职责。

（一）负责制订、审核"锅炉防磨防爆三年滚动计划""锅炉受热面年度机组检修计划"，报公司审批。

（二）负责审核"锅炉受热面管材升级改造方案"及实施情况的监督检查。

（三）负责日常和年度锅炉受热面金属监督、检验工作。

（四）负责所管辖设备年度检修、消缺维护及日常巡检工作。

（五）负责所属设备、设施的缺陷处理措施和方案的编制，并组织实施。

（六）负责所属设备、设施检修作业文件包的编制及资料的整理归档。

（七）负责编写"锅炉受热面检修检查专题报告"。

（八）负责编写"锅炉受热面泄漏事故报告"。

（九）负责执行超温、超压考核。

第十三条　金属监督主管主要职责：

（一）参加编写"锅炉防磨防爆三年滚动计划""锅炉受热面年度机组检修计划"。

（二）参加锅炉受热面泄漏事故调查，编写"锅炉受热面泄漏事故原因分析报告"。

（三）负责日常和年度锅炉受热面金属监督、检验工作。

（四）负责指导编写并审核"锅炉受热面管焊接工艺及热处理标准"。

（五）负责定期组织对锅炉受热面进行全面状态检验和寿命评估，编写"锅炉受热面评估报告"。

（六）负责锅炉受热面备品、焊材的入库和使用前复验工作。

第十四条　运行部锅炉主管主要职责。

（一）负责提出配煤、掺烧煤的指标要求，保证锅炉燃烧工况稳定、运行安全。

（二）负责调整机组启、停、运行中各参数达到设计标准。

（三）负责锅炉超温超压的调整、统计、分析工作。

（四）负责炉管泄漏报警装置的监视、分析工作。

（五）负责蒸汽吹灰优化运行工作。

第十五条　防磨防爆小组主要职责。

（一）结合锅炉 A/B/C/D 检修及临检，认真做好锅炉防磨防爆检查工作。

（二）及时发现缺陷、分析原因、采取措施，会同检修人员实施受热面缺陷处理措施。

（三）检查工作结束后，应编写设备检修报告，组长（或副组长）负责审核。

（四）摸索磨损及损坏规律，积累经验，研究改进方案。

（五）做好技术记录工作，记录包括缺陷部位、名称和性质及处理方案等信息，检查记录要求简明易懂。

（六）做好防磨防爆技术档案管理工作。

（七）加强有关新技术、新工艺、新流程、新设备、新材料、新布置的培训和应用，提升人员的专业素质。

第十六条 奖惩制度。

（一）子分公司宜设立防磨防爆奖励，按照全厂不发生锅炉"四管"泄漏事件（含机炉外管）满一年为基础进行奖励（循环流化床及燃烧特殊煤种锅炉根据实际情况制定奖惩基础天数），连续无泄漏事件，在上一年基础上加大奖励。

（二）各火电企业建立健全奖惩机制，按照"奖惩并重、以奖为主"的原则，按照规定兑现奖励，鼓励防磨防爆人员发现缺陷、分析排查缺陷，切实发挥激励作用。

第三章　技术管理

第十七条　火电企业应制订全面的防治锅炉"四管"泄漏工作计划及技术方案，包括检修、改造、检验、试验、调整等。

第十八条　各火电企业针对本单位炉型、设计参数及特点，结合同类型锅炉发生的锅炉"四管"泄漏事件，制订有针对性的防范锅炉"四管"泄漏管理制度及技术措施，并不断加以修订完善。至少包括如下措施。

（一）燃煤质量管理制度及控制措施。

（二）锅炉受热面金属超温考核制度。

（三）防止受热面超温、超压措施。

（四）吹灰管理规定。

（五）锅炉启停及冷却运行控制措施。

（六）防止受热面内壁大面积腐蚀措施。

（七）防止受热面管高温腐蚀措施。

（八）防治高温受热面氧化皮措施。

第十九条　建立锅炉防磨防爆台账。

（一）建立锅炉"四管"原始及设备变更资料台账，包括锅炉型号、结构、设计参数、汽水系统流程，以及"四管"数量、规格、材质、布置形式、原始组织、原始厚度、全部焊口数量、位置和性质、强度校核计算书、设备原始图纸资料等。

（二）建立锅炉运行台账，包括锅炉运行时间和启停次数、超温幅度及时间、汽水品质不合格记录、"四管"泄漏报警记录、吹灰器运行参数记录、水冷壁还原性气氛监测等数据。

（三）建立锅炉四管检修台账，包括常规检修、"四管"泄漏后抢修、更换和改造等技术记录、事故记录及分析报告。

（四）建立锅炉"四管"每次计划检修和停备检查及检验资料台账，包括受热面管子宏观检查记录、蠕胀测量数据、厚度测量数据、弯头椭圆度测量数据、内壁氧化皮厚度测量数据、金属和化学技术监督取样管的化学腐蚀和结垢数据、取样管组织和机械性能数据、焊口焊缝检验记录。

（五）应保持防磨防爆台账完整性、连续性、规范性，鼓励采用数据库对记录整理存档管理。

第二十条 建立台账分析制度。每季度对锅炉"四管"台账进行分析，研究锅炉四管劣化趋势，每年编制锅炉"四管"磨损、劣化的趋势分析报告。根据对台账的综合分析，统筹制订运行管理、检修管理、技术管理和技术监督等方面动态防磨防爆措施。

第二十一条 锅炉发生"四管"爆漏时，应及时停运，防止冲刷损伤其他管段；停炉后，应按规定方式冷却；设备消缺时处理好工期与质量的关系，确保缺陷处理彻底，消除设备隐患，避免发生重复性泄漏事件。

第二十二条 锅炉发生"四管"爆漏后，应组织对爆漏事件开展详尽的分析工作。在对锅炉运行数据和爆口位置、数量、宏观形貌、内外壁情况等信息做全面记录（包括影像记录）后，方可进行割管和换管检修。对爆口及管道进行宏观分析，遇到问题原因不确定时，必须经过金相组织分析和力学性能试验，对结垢和腐蚀产物进行化学成分分析，分析清楚造成爆管的本质原因，根据分析结果制订相应的扩大检查措施、处理措施并落实到位，防止同类泄漏事件重复发生。

第二十三条 严格"四管"泄漏信息报送。锅炉发生四管爆漏后，火电企业按"事故调查报告书"格式要求报送子分公司及内部技术监督支持单位。初步报告在5天内提交，最终报告在检验结论后7天内提交。

第二十四条 开展"四管"泄漏重点机组治理。

（一）子分公司根据实际情况确定下一年度重点治理机组，组织制订专项治理技术方案。

（二）内部技术监督支持单位根据技术监督情况，审核列入重点治理机组的必要性，并审核专项治理技术方案，审核通过后报集团公司列入重点治理机组名单。

（三）火电企业按照集团公司批准的年度计划开展专项治理工作。

（四）技术监督支持单位组织编制重点治理工作简报，通报治理进展、重点问题及关键难题，提出预防性指导意见。

第二十五条 火电企业应积极推广应用新技术、新方法，提高防治"四管"泄漏工作的实效性。

第二十六条 技术监督支持单位、火电企业应积极了解国内外同类型锅炉"四管"泄漏发生的原因及解决办法，吸取经验教训，防止同类事件重复发生。

第四章　运行管理

第二十七条　按照 DL/T 612—2017 要求，加强锅炉运行人员培训，持证上岗；运行人员须经仿真机培训，并考试合格。

第二十八条　严控入厂煤煤质，加强入炉煤掺配烧管理。

（一）燃料采购部门必须熟悉锅炉对燃料特性要求，采购与炉型、污染物控制系统相适应的燃料。

（二）配置完备的入厂煤和入炉煤自动采样、制样、化验和计量设备，做到 100% 煤质检验。

（三）入炉煤煤质应根据锅炉设计要求进行选配，以设计煤质为基础，煤质波动范围满足要求，若煤质波动超出规定范围应开展试烧试验，评估对机组运行安全性、经济性及污染物排放指标的影响。

（四）运行人员需及时掌握入炉煤质报告。根据煤质变化情况，及时进行锅炉燃烧分析、评估和调整，避免锅炉受热面局部过热、热偏差超标、水冷壁高温腐蚀和环污染物排放指标超标。确保燃烧稳定、运行安全。

（五）燃用与设计煤质中硫、氯、碱金属（钠、钾）等元素含量及灰熔点偏差较大煤种时，或需燃用多种煤质时，必须开展试烧或掺烧试验，评估对炉内结焦、高温腐蚀及污染物排放指标的影响。

第二十九条　加强运行规范化管理。

（一）运行人员应严密监视锅炉参数，结合炉管泄漏报警系统，准确判断异常情况，并及时采取相应措施，防止泄漏扩大。

（二）锅炉启、停时应严格按照启、停曲线要求运行，严控锅炉蒸汽汽温、压力变化速率。

（三）启、停过程中控制过热器、再热器汽温时应注意减温水的投用是否正常。锅炉蒸发量小于 10% 时，通过调整燃料量、火焰中心高度和烟气调温挡板进行汽温调整，禁止投入减温水，做好过热器、再热器防进水保护。合理控制蒸汽温度和减温水用量，禁止壁温及汽温大幅波动。

（四）严格监控锅炉各项运行参数，及时调整，严密监视受热面壁温，防止锅炉超温、超压。

（五）精心调整燃烧，减少炉膛出口左、右烟温偏差，改善过热器、再热器工作环境。

（六）运行中经常超温或存在严重热偏差的机组，应通过锅炉燃烧优化调整试验或技术改造加以解决，严禁受热面长时间超温运行。

（七）建立受热面管壁温度超温台账，做好超温的分析工作。

第三十条 规范锅炉吹灰管理，防止受热面吹损。受热面吹灰器应正常投入，防止受热面结焦、积灰，吹灰器投运前应进行充分疏水，防止吹灰蒸汽带水。定期检查炉膛水冷壁，发现大焦及时采取措施，防止大焦掉落砸坏冷灰斗；采取有效措施，避免低温受热面积灰堆积；优化吹灰频次及组合，保证吹灰效果，避免受热面过吹、欠吹；对水冷壁水力吹灰器进行吹灰优化，避免水冷壁发生疲劳损伤。吹灰过程中必须有专人就地跟踪检查，避免吹灰枪退不到位、提升阀关不严等问题吹损受热面。

第三十一条 对有氧化皮现象的锅炉，要严格执行防治氧化皮的有关运行措施，防止锅炉启动、停运、冷却过程中发生氧化皮集中脱落现象。参照 Q/GN 0044—2021 及本手册第十章"锅炉高温受热面氧化皮防治技术措施"执行。原则上不采取深度滑参数方式停机。停炉负荷可根据设备条件和电网要求，选择高参数停炉。严格控制温度和压力变化速率，避免汽温突降或突升致管壁金属温度剧烈变化引发氧化皮脱落。

第三十二条 防控水冷壁高温腐蚀。参照 Q/GN 0044—2021 及本手册第十章"水冷壁高温腐蚀防治措施"执行。采用低氮燃烧技术的锅炉，应通过燃烧调整，合理控制一次风速、煤粉细度和运行氧量，并定期开展低氮燃烧系统与 SCR（选择性催化还原技术）脱硝系统对 NO_x 控制的协同优化，或实施贴壁风改造，在 NO_x 排放达标前提下，最大限度提高水冷壁近壁氧量，防控水冷壁高温腐蚀。存在高温腐蚀的机组应定期监测水冷壁贴壁烟气还原性气氛，并制订相应的技术措施。

第三十三条 锅炉停炉（包括"四管"泄漏后的抢修）完成炉膛吹扫后，必须对锅炉进行闷炉。严禁锅炉高温状态时进行快速通风冷却。闷炉时间 ≥ 36h，自然通风 ≥ 8h，转向室烟温 <150℃后才可启动风机强制通风冷却。通风冷却时烟温下降速率 ≤ 10℃/h。通风过程中不得破坏炉底水封。

第三十四条 确保汽、水品质合格。

（一）严格执行机组启动期间冷态和热态冲洗阶段汽、水品质标准要求，达不到要求不得进入下一启动阶段。启动过程各阶段汽、水品质监督化验记录要经专业人员签字审核，每次记录表单要存档备查。

（二）机组启动时应及时投入凝结水精处理设备，保证精处理出水质量合格。机组运行期间凝结水精处理系统应 100% 投运，严禁开旁路运行。

（三）严格执行 GB/T 12145—2016、《火力发电厂水汽化学监督导则》（DL/T 561—2013）等标准相关规定，加强机组启动和正常运行期间汽、水品质监督，确保汽、水品质合格；水汽品质劣化时，严格依照三级处理原则进行处理。

（四）定期开展机组给水痕量离子及 TOCi（总有机碳）检测，并建立相关台账。

（五）运行机组应按《火力发电厂化学设计技术规程》（DL/T 5068—2006）规定配备在线水质分析仪器，且每年至少按照《发电厂在线化学仪表检验规程》（DL/T 677—2018）开展一次校准工作，确保其测量准确性。

（六）慎重采用给水加氧处理工艺。如采用给水加氧处理工艺前，应有专业机构进行可行性评估；加氧运行应在专业机构指导下进行。对于采取给水加氧的超（超）临界机组锅炉，要严格控制加氧量和 pH 值，氧浓度控制在标准的下限，氧浓度监视测点具备条件时引入 DCS（分散控制系统）实时监控。

（七）按照 DL/T 956—2017 标准要求，结合机组实际情况制订锅炉停用保护措施。

（八）采用热炉放水或利用机组余热烘干方式保护时，应编制操作工作票并组织实施，确保相关运行参数达到标准要求。带压放水及余热烘干、受热面抽真空防腐阶段，锅炉不得进行通风。

第三十五条　深度调峰机组。

（一）加强深度调峰负荷下运行参数的监视分析和机组运行方式的研究，了解深度调峰运行对受热面壁温的影响规律。

（二）严格控制深度调峰快速升降负荷过程中受热面壁温和工质温度的变化速率，防止受热面局部超温和氧化皮脱落。

（三）在管壁温与带负荷发生矛盾时，运行人员应坚持保设备的原则，严禁在超温的情况下强行带负荷。

（四）直流炉应严格控制煤水比，严防煤水比失调，湿态运行时应严密监视分离器水位，干态运行时应严密监视中间点温度，防止蒸汽带水或金属壁温超温。

（五）对实施省煤器旁路、热水再循环及复合循环改造提高脱硝入口烟温的深度调峰机组，应严格控制省煤器出口工质温度，确保过冷度 ≥ 5℃，欠焓须大于产生水动力不稳定的临界欠焓，防止省煤器出口工质汽化。

第五章　检修管理

第三十六条　"四管"防磨防爆检查

（一）坚持"逢停必检"，是防治锅炉"四管"爆漏的有效方法，原则上要求C级及以上等级检修受热面全面检查，机组临修受热面重点部位检查。

（二）结合机组检修，按DL/T 438—2016、能源电〔1992〕1069号、DL/T 838—2017、Q/GN 0044—2021等要求，安排锅炉受热面管检查，查找受热面管存在的各种缺陷，并分析原因、采取措施加以消除。

1. 根据检修计划及锅炉设备运行状况确定防磨防爆检修项目及并制订相应技术措施。

2. 项目确定应结合历次检查记录、检修总结及设备缺陷情况，结合同类型锅炉频发性缺陷，有重点编制检查计划。

3. 制定机组检修、停备、临修等不同停炉时间情况下的防磨防爆检查项目清单及落实措施。

（三）锅炉防磨防爆工作小组负责组织防磨防爆检查工作，应形成"作业层排查、专业层复查、领导层抽查"的质量保障体系，从组织措施上确保检查效果。必要时子分公司组织抽查。

1. 防磨防爆检查作业层由发电企业锅炉本体检修维护人员构成，如同时采用承包商进行防磨防爆检查，应做到"查修分离"。实行外委检查的应选择较高技术素质和良好业绩的检查单位。

2. 防磨防爆检查专业层由各生产部门锅炉、金属、化学专业的主管、专工、专责共同构成。负责指导作业层开展防磨防爆检查工作，并对防磨防爆检查项目进行全面检查和核实。

3. 防磨防爆检查领导层由生产副总经理、生技部经理、设备部经理组成。负责对防磨防爆检修体系运作情况进行督导，对防磨防爆检查项目进行现场抽查。

（四）检查前应进行锅炉受热面清灰工作，C级及以上等级检修时需对部分或全部受热面进行水冲洗，以保证防磨防爆检查效果。

（五）锅炉防磨防爆检查的手段主要有目测检查、超声波壁厚测量、蠕胀测量、弯头椭圆度测量、氧化皮测量、机械性能试验、磁记忆应力检测及无损探伤等。

（六）机组检修停炉后，应按预定的项目，对锅炉受热面进行全面检查。防磨防爆检查实行分区、分级责任制。按区域、层级落实到人、签字确认，并实行区域交叉互查。防磨防爆检查应保证检查人员数量及检查时间。

（七）完善细化防磨防爆检查内容。编制检修文件包（作业指导书）或检查卡（验收卡），作为检修作业指导文件和记录文件，对检查记录表格和数据测量位置做好策划，保证文件覆盖率达到100%。推行缺陷清单管理，坚持"谁检查、谁签字、谁负责"，严格闭环管理。

（八）对防磨防爆检查缺陷进行汇总，并与以往检查记录进行对比，经防磨防爆小组专题会研究后，制订处理方案，确保缺陷彻底消除，不留隐患。

1.对检查发现的异常情况，应查清原因，制订防范措施，并举一反三。

2.发现较大缺陷，应及时逐级报告锅炉主管、锅炉防磨防爆小组组长，由锅炉主管组织进行分析原因，提出处理措施，经锅炉防磨防爆组长批准后组织实施。

3.检查中发现重大缺陷、共性缺陷时，应组织专家会进行原因分析，制订处理方案，并报子分公司生技部。

（九）缺陷消除过程中，要遵守《锅炉受热面洁净化施工管理要求》《焊接工艺及质量管控》等质量管控要求。

（十）检修后彻底清除遗留在受热面的检修器材、杂物等。

第三十七条 防磨防爆检查项目。

（一）防止"四管"爆漏检查项目和周期应严格遵照 DL/T 438—2016、DL/T 612—2017、DL 647—2018 等规程的要求，参照 Q/GN 0044—2021 的附录 G"防止'四管'泄漏检查项目和周期"规定执行，并至少增加以下检验。

1.对于运行超过 30000h 的夹持管，重点检验弯头部位氧化皮堆积。

2.A、B 级检修，对高温段 T23 焊缝、异种钢焊缝进行 100% 超声波探伤或超声相控阵检测，辅以射线探伤，并割管取样进行理化检验。

3.A、B 级检修，对受热面集箱管座角焊缝的检验除满足相关标准外，应重点检查集箱两端区域角焊缝。

4.每次检修，对减温器疲劳裂纹、水冷壁管横向裂纹、鳍片裂纹、管子过热等情况进行重点检查。吹灰汽源管座和集箱对空排汽管座角焊缝表面检测须采用磁粉检测。

5.对于炉内高温受热面的"奥氏体钢＋回火马氏体钢"异类异种钢焊接接头，宜采取宏观检查、表面检测、射线检测和超声波检测（或超声波相控阵检测或射线检测）相结合的方式，并根据检测经验，逐渐调整检测方法和工艺，提高检测可靠性和经济性，同时鼓励采用其他新的检测技术方法。宏观检查宜采用放大镜和内窥镜等器材辅助，尽可能全面检查。射线检测宜采用垂直透照方式。

（二）循环流化床锅炉应定期检查密相区水冷壁磨损和防磨耐火材料的脱落损坏情况，对易磨损部位重点检查，及时消除存在缺陷，消除水冷壁及鳍片障碍物，焊口修磨平整，保持水冷壁管及鳍片垂直平滑。

（三）定期进行支吊架检验及评估，防止炉墙振动、受热面晃动及拉裂、集箱承受载荷超标等。

（四）掺烧高灰分煤锅炉，应针对性地做好重点部位的冲刷、磨损等检查；燃用钠、钾、硫等含量较高煤种的锅炉，应针对性地做好重点部位的腐蚀、结焦等检查。

第三十八条 检修期间化学检查内容。

（一）割管检查受热面内壁的腐蚀、结垢、积盐及氧化皮情况。

（二）在大修或大修前的最后一次检修时应割取水冷壁管并测定垢量，按《火力发电厂锅炉化学清洗导则》（DL/T 794—2012）相关规定及时进行机组化学清洗；锅炉运行年限达到DL/T 794—2012 的规定值时，可酌情进行化学清洗。

（三）锅炉长期停用时，必须采取有效的防腐保护措施，有条件的电厂，可采用干风干燥法、邻炉热风烘干法等进行水汽系统热力设备的停（备）用防锈蚀保护。

第三十九条 氧化皮检查及治理。

（一）高温受热面弯管内氧化皮检测应做到"逢停必查"。检查内容应包括外观、胀粗、变形量、壁厚、内壁氧化皮厚度、下弯头氧化皮堆积情况等；如需割管检查，应利用机组检修检查确认、分析和处理。

（二）立式高温受热面下弯管内应无明显氧化产物沉积。对于存在管子内壁氧化皮集中剥落堵管风险的锅炉，应做好垂直管屏下弯管内堆积氧化皮检测和管子内壁氧化皮厚度的检测和风险分析。

1. 利用冷阴极或数字射线检测（铁素体钢、奥氏体钢）、磁性检测（奥氏体钢）、声振检测等方法检查高温受热面下弯头处剥落氧化皮的堆积情况。管内氧化皮剥落物堵塞截面积≥20%时，可考虑吹扫处理，若无法吹扫，必要时割管清理；堵塞截面积≥30%时应割管清理，堵塞截面积≥50%时必须割管清理。

2. 利用割管取样方法对高温受热面超温部位进行微观组织检验、力学性能试验，以及氧化皮形貌、结构和剥离程度检查。

3. 对已在役使用奥氏体钢的超（超）临界锅炉受热面管，运行时间在 5 万 h 以内且受热面氧化皮发生大面积集中剥落导致频繁爆管，分析属于锅炉设计选材原因且运行无法调整的，宜将剥落氧化皮堆积超过 50% 通流面积的受热面管更换为内壁喷丸的 Super304H 或HR3C。

4. 亚临界锅炉过热器及再热器氧化皮剥落造成爆管事故且发生氧化皮大面积剥落或氧化皮剥落造成下弯头管内沉积高度超过 1/3 管径时，可采用化学清洗治理氧化皮，委托具有氧化皮化学清洗业绩的专业单位实施。

第四十条 水冷壁高温腐蚀检查和治理。

（一）火电企业每年对水冷壁情况进行检查，必要时割管取样进行检验和试验分析，确定是否存在高温腐蚀。

（二）发生高温腐蚀的管子，根据判废原则及发展速度确定是否需更换。

（三）实施防腐喷涂及其他防腐措施的管子，检查涂层失效情况，及时修补。

（四）发生高温腐蚀的机组，必须制订专项治理措施，见本手册第十章"水冷壁高温腐蚀防治措施"。

第四十一条　深度调峰机组。

（一）每次防磨防爆检查要加强减温器疲劳裂纹、水冷壁管横向裂纹、鳍片裂纹、屏式过热器过热现象等检查。

（二）每次检修进行氧化皮测厚和堆积检查，对高度超过内径30%的管子进行割管清理。

（三）每次检修对水冷壁、过热器和再热器进行金属检验评定。

（四）加大对水冷壁、过热器和再热器联箱管座角焊缝的抽检比例。

（五）每次检修对受热面T23焊缝、异种钢焊缝进行超声波探伤或超声相控阵检测，辅以射线探伤。

第四十二条　换管标准。

（一）锅炉受热面管壁厚度应无明显减薄，必要时应测量剩余壁厚。剩余壁厚应满足运行至下一个检修期强度计算所确定的最小需要壁厚。水冷壁、省煤器、低温段过热器和再热器管，壁厚减薄量不应超过设计壁厚的30%；高温段过热器管，壁厚减薄量不应超过设计壁厚的20%。

（二）依据DL/T 438—2016第9.3.19条和Q/GN 0044—2021，锅炉受热面管子有下列情况之一时，应予以更换。

1. 管子外表面有宏观裂纹和明显鼓包。

2. 高温过热器管和再热器管外表面氧化皮厚度超过0.6mm。

3. 低合金钢管外径蠕变应变>2.5%，碳素钢管外径蠕变应变>3.5%，T91、T122类管子外径蠕变应变>1.2%，奥氏体钢管子外径蠕变应变>4.5%。

4. 管子腐蚀减薄后的壁厚小于按《水管锅炉 第4部分：受压元件强度计算》（GB/T 16507.4—2013）计算的管子最小需要厚度。

5. 金相检验发现晶界氧化裂纹深度超过5个晶粒或晶界出现蠕变裂纹。

6. 奥氏体钢管及焊缝产生沿晶、穿晶裂纹。

7. 密封盒、鳍片与受热面管焊缝有裂纹及开裂，实际运行时间超8万h（炉水水质长期较差，实际运行时间超5万h），建议相交处侧墙水冷壁管段、后墙水冷壁管段（斜）更换。

8. 水冷壁更换时，鳍片要去除足够长度，以保证焊接应力充分释放。

第四十三条　锅炉受热面管材料质量管控。

（一）锅炉钢管材料必须注明国家或部颁技术标准，应尽可能采用原设计牌号的钢材和

14

焊材。

（二）锅炉受热面管所用钢材应有质量证明文件，钢管使用前应 100% 光谱复验。

（三）锅炉钢管使用前必须逐根进行外观检查，发现裂纹、重皮、划痕、变形、内外腐蚀严重时不得使用。

（四）锅炉钢管采用代用材料时，应持慎重态度，要有充分的技术依据，原则上应选择成分、性能略优者；代用材料壁厚偏薄时，应进行强度校核，应保证在使用条件下各项性能指标均不低于设计要求。代用材料须经金属监督专责工程师同意，经防磨防爆小组组长批准，并做好记录存档。禁止使用不成熟钢种。

（五）焊接材料应符合国家或部颁标准及有关专业标准，领用时应核对质量保证书及合格证。使用前应再次光谱确认，严防用错和使用失效的焊接材料。

第四十四条 防磨防爆检查的重点部位和内容。

（一）临时检修及停炉时间超过 7 天且与上次检查时间超过 60 天的锅炉，必须检查尾部受热面、冷灰斗、水平烟道、近期本企业或同类机组出现锅炉"四管"泄漏的部位。

（二）对于刚投产的锅炉，应加强对密封、膨胀系统的检查，如炉墙、炉顶、中隔墙、穿墙部位和省煤器灰斗密封等，检查膨胀是否与设计相符，发现膨胀受阻产生的部件损伤情况等问题要及时与制造厂沟通，制订妥善处理措施。

（三）存在相互接触和摩擦，易产生局部磨损的部位，如穿墙管、夹屏管、定位管、受热面与悬吊管接触部位、尾部烟道中低温过热器、低温再热器与包墙接触部位、防振隔板部位、管卡处管子、循环流化床锅炉外置床受热面管子等。

（四）易产生冲刷磨损的部位，如燃烧器喷口本身及附近水冷壁、看火孔、人孔门、穿墙管、吹灰孔等易产生漏风的部位，特别是三次风带粉严重、三次风风速偏高时，附近水冷壁管冲刷磨损较重；循环流化床锅炉给煤口、回料口、二次风口、排渣口、布风板浇注料空鼓处风帽根部区域及浇注料脱落部位等。

（五）处于烟气流速和飞灰浓度高的部位，如省煤器靠后墙前三排管 H 形鳍片根部区域、水平烟道内过热器上部管段、水冷壁悬吊管和包墙悬吊管上部及下部、卧式布置的再热器、螺旋水冷壁冷灰斗角部区域、半伸缩吹灰器支架下管子等；特别是管屏节距不均、管子出列严重、管子节距不均、无管屏节距定位装置、防护罩安装不到位、环形联箱、防磨护板缝隙下及其附近；偏斜、固定、易产生烟气走廊或局部烟气加速部位等管子；循环流化床锅炉分离器进口、靶区、防磨格栅（或防侧磨板）存在间缝隙、变形位置、防磨梁根部。

（六）因膨胀不畅和应力集中而拉裂的部位和炉顶穿墙而未加套焊接的管子，包括水冷壁四角管子、捞渣机上部冷灰斗水冷壁宽鳍片、喉口弯头鳍片、水冷壁屏间鳍片端部焊缝、燃烧器喷口、管子托块、滑块焊缝和孔、门弯管部位的管子；热负荷较高的水平烟道、竖井宽鳍片部位；燃烧器、吹灰器人孔门的密封罩端头根部与管子间焊缝等，工质温度不同而连在一起的包墙管，与烟、风道滑动面连接处的管子等，炉顶末级再热器、过热器等穿墙而未加套管焊接的管子；受热面管子的吊挂部位；刚性梁、受热面下沉存在应力集中的管子。

（七）受蒸汽吹灰器汽流冲刷的管子及水冷壁或包墙管上开孔安装吹灰器部位的临近管子、受热面与悬吊管交叉处的涡流区（至少检查前、后三根管），检查吹灰吹损和吹灰器冷凝水流入炉内引起管子热疲劳失效等情况。

（八）可能发生长期过热爆管的管子，如屏式过热器、高温过热器和高温再热器等经常超温的管子，异种钢接头附近低等级材质管子，带环形联箱的包墙过热器角部附近管子。

（九）易发生爆漏的各种焊缝，如异种钢焊缝、钢 102 焊缝、T23 焊缝、过热及再热器穿墙管焊缝、联箱管座焊缝、卫燃带抓钉脱落部位、承受荷重部件的承力焊缝、单面焊接鳍片焊缝、水冷壁螺旋转垂直部位的鳍片和管子焊缝、存在咬边的焊缝等，超临界 W 型锅炉混合集箱处水冷壁焊缝。

（十）变形严重的受热面管排，历次爆管部位、补焊过的管子。

（十一）易发生腐蚀的管段，外壁腐蚀包括易发生高温腐蚀的主燃烧器和 SOFA（分离燃尽风）燃烧器间水冷壁、再热器和过热器结焦部位、钢研 102、尿素喷枪部位、冲洗后长时间潮湿部位（如防磨护瓦下面管子），运行 5 万 h 以上的卫燃带覆盖的水冷壁管等；内壁腐蚀包括低温再热器入口段、再热器水平段的异种钢焊口处、下部水冷壁管。

（十二）过热器、再热器易堆积氧化皮的下弯头。

（十三）易发生脱落和损坏的部件，如汽包内部装置脱落，易造成个别水冷壁堵塞而短期过热爆管；联箱内原来的异物及减温器部件碎片可能导致受热面堵塞而短期过热爆管、蒸汽吹灰器枪头、燃烧器喷嘴；循环流化床锅炉炉内过热器、再热器和水冷蒸发屏、给煤口、二次风口、落渣口等部位浇注料。

（十四）防磨瓦受损情况，包括护瓦翻转、脱落、移位、变形、磨穿、缝隙。

（十五）对于运行超过 3 万 h 的不锈钢夹持管，应重点检查弯头部位有无裂纹；对未经固溶处理的不锈钢弯头，应加强弯头部位的检查；每次 A 级检修，应对高温段 T23 焊缝、异种钢焊缝进行不少于 20% 超声波探伤或超声相控阵检测，辅以射线探伤，并应割管取样进行理化检验；根据以往检修情况，加强对超（超）临界不锈钢弯头内氧化皮堆积量的检查；应重点监督减温器喷水管炸裂、减温器附件脱落情况，发现问题及时处理。

（十六）按规定对锅炉"四管"进行定点割管，检查管内结垢、腐蚀情况，对高温过热器、再热器管子做金相检查。水冷壁垢量或锅炉运行年限达到 DL/T 794—2012 中的规定值时，应进行化学清洗。

（十七）各企业还应根据设备的现状和"四管"运行历史状况，结合集团内外其他类似锅炉发生的爆漏部位及有泄漏隐患的部位等，充分利用各种检修机会，进行重点检查，防止类似问题发生。

（十八）水冷壁重点检查内容包括腐蚀、磨损、蠕胀、拉裂、机械损伤、变形。检查部位包括冷灰斗、喷燃器处、折焰角区域（循环流化床锅炉烟气转向处）、上下联箱管座角焊缝、悬吊管、吹灰器区域。抽查部位包括热负荷较高区域的焊口、管壁厚度、腐蚀、蠕胀情况，冷灰斗积高温熔融焦部位管子有无过热鼓包；超（超）临界锅炉水冷壁中间联箱出口段管子内壁裂纹情况和中间联箱处弯管内异物堆积情况；喷燃器滑板处；风箱与水冷壁焊接筋板处；刚性梁处；安装或检修的鳍片焊缝、鳍片单面焊接及其焊接缺陷、鳍片焊缝膨胀不畅部位；节流孔板有无腐蚀、堵塞、结垢或脱落。

（十九）过热器和再热器重点检查内容包括过热、蠕胀、磨损。检查部位包括管排（变形）、管子（颜色、磨损、蠕胀、氧化），吹灰器吹扫区域内的管子，管排定位卡子处（磨损），高温段（外表面氧化、蠕胀、金相），包墙管开孔处。抽查部位包括管座角焊缝、管子内部（氧化皮）、管子节流圈。

（二十）省煤器重点检查是否磨损。检查部位包括表面 3 排管子的磨损情况，防磨罩或护铁损伤和转位情况；吹灰器吹扫区域内的管子、边排管子、前列吊挂管、烟气走廊的管子、穿墙管、通风梁处。抽查部位包括内圈管子移出检查、管座角焊缝、受热面割管及外壁腐蚀检查，对检查不到的部位应定期（1 个 A 级检修周期）割出几排（或拉排）检查。

第四十五条 防磨防爆缺陷处理要求。

（一）在锅炉、管道、压力容器和承重钢结构等钢焊接工作实施前，应根据焊接工艺评定编制焊接热处理作业指导书和工艺卡。返修和补焊也应按焊接工艺评定编制焊接热处理作业指导书和工艺卡。需进行焊后热处理的焊接接头，返修后应重做热处理。经评价为焊接热处理温度或时间不够的焊口，应重新进行热处理；因温度过高导致焊接接头部位材料过热的焊口，应进行正火热处理，或割除重新焊接。

（二）有超过标准规定，需要补焊消除的缺陷时，可采取挖补方式返修，挖补时彻底清除缺陷。但同一位置上的挖补次数不宜超过 3 次，耐热钢不应超过 2 次。

（三）受热面管焊口必须 100% 进行无损检测，在无损检测前应编制无损检测工艺卡。

（四）在施工过程中应严格执行文件包或工艺卡，严格控制施工人员擅自改变施工方案、工艺和措施。如变更需防磨防爆小组同意后方可实施。

第四十六条 防磨防爆常见缺陷防治。

（一）受热面管子发生吹灰磨损，检查吹灰系统工作是否正常，按本册第十章"防止蒸汽吹灰器吹损技术措施"关要求进行处理。

（二）水冷壁可采用防磨喷涂、堆焊或贴壁风等防止或减缓高温腐蚀。

（三）采用护板、防磨瓦、喷涂等防护措施防范吹灰通道吹损及尾部烟道悬吊受热面局部烟气涡流磨损。尾部烟道可采用声波吹灰器，减轻吹灰磨损，同时宜保留蒸汽吹灰器，延长蒸汽吹灰周期，确保吹灰效果。

（四）选择防磨瓦材质应考虑使用温度要求，避免防磨瓦烧损变形脱落；高温区域防磨瓦应与受热面良好接触，防止冷却不足而变形脱落；低温区域防磨瓦应保证有效固定，防止防磨瓦翻转。护瓦之间搭接良好，避免缝隙，且有足够的防护范围。

（五）管卡与管子发生碰磨，应及时对管卡进行调整，或对不合理管卡、定位板、定位管等结构采用改型等方法进行预控。

（六）管子之间发生碰磨，应检查管子是否有效固定，消除膨胀受阻，管子之间增加防磨块或防磨护瓦。

（七）管子发生飞灰磨损，应采取有效防范措施，消除烟气走廊，对管子加装防磨护瓦或防磨喷涂。

（八）斜坡水冷壁发生落焦砸伤，应对管子进行补焊或换管。

（九）螺旋水冷壁锅炉冷灰斗灰渣磨损，可采用敷设浇注料等措施予以防护。

（十）水冷壁鳍片及包墙膜式壁鳍片开裂，检查是否存在加工、焊接不良导致的应力集中现象，彻底消除裂纹；通过打磨，确保圆滑过渡，降低应力；开应力释放槽预防开裂裂纹扩展到管子；因鳍片较宽不能得到有效冷却导致开裂，应对鳍片结构进行改造，如割除宽鳍片，采用浇筑料代替鳍片进行密封。

（十一）所有鳍片焊接必须等同于受检焊口。

（十二）对发生过热爆管的管子，应对爆口所在管圈其余管段进行全面检查是否存在过热现象，对疑似过热的管段应进行金相检测，确认管材性能，当管材性能下降时，应进行评估。

（十三）管子对口施工前，必须对水溶纸进行水溶性试验（包括热处理加热后）；对水溶纸使用方法严格控制，避免因水溶纸原因造成管子堵塞。

（十四）对由于膨胀受阻而引起的缺陷，应对膨胀系统进行检查修整，消除膨胀受阻现象，包括水冷壁前后墙与两侧墙密封焊接处、炉膛两侧墙水冷壁与水平烟道处过热器管排交接处、水平烟道侧包墙两种介质温度的管排交接处、炉膛水冷壁水封插板与梳型板之间焊接处等。

第四十七条　锅炉膨胀系统的检查。

（一）建立锅炉膨胀指示器台账，做好记录并进行历史数据对比分析。

（二）对全炉支吊架应进行宏观检查，包括炉顶联箱及受热面刚性吊架、恒力吊架。主要检查吊杆外观是否弯曲变形，吊杆螺母是否松动，吊杆与炉顶高顶板销轴是否存在膨胀受阻等异常情况，做好以上缺陷记录。

（三）各联箱、导汽管、连接管的拉杆吊架、托架等检查，包括吊耳、托架结构的紧固情况、弹簧吊架紧力大小是否正确；发现有弹簧拉裂、松动和弹簧压死的，必须全部重新调整好。

（四）膨胀指示器检查，检查内容包括指针与指示牌完整，灵活无卡涩，零位校正正确。

（五）机组启、停阶段详细检查和记录联箱、水冷壁等受热面膨胀情况，确保膨胀不受限，指示器指示位置在允许范围内。

（六）支吊架调整，应委托具备调整资质的单位完成。

第四十八条　锅炉范围内管道及联箱检查与监督。

（一）检查范围。

1. 锅炉本体范围以外的疏水、减温水、放气、取样、加药、临炉加热等系统管道；联箱包括锅炉本体联箱、外置式分离器、减温减压器等设备。

2. 防磨防爆主要的检查对象为上述系统中介质温度大于100℃，或压力大于1.6MPa的管子、管件、对接焊口、角焊缝等。

（二）建档与更新

对检查范围内的管道和联箱进行建档，机组服役过程中的检验检测历史数据要实时进行更新，并进行分析。

1. 记录图。绘制管道轴测图，轴测图应准确详实反应现场管道的实际布置；图中应准确标注焊口、支吊架的位置及形式。

2. 原始数据登记。

（1）每个管道系统均须做好原始数据记录，记录编号须与记录图中的编号一致。

（2）记录至少应包括规格、材质、初始焊接时间、初次无损检测结果、初次光谱分析复查报告编号及复查结果（仅对合金钢部分）、初次硬度检测结果（仅对热处理部分）。

（3）针对重要部件（如P92等高温高压管道或联箱）除了上述数据外须收集原始金相组织数据。

3. 检查历史记录。

（1）做好服役后的检验检测数据登记工作。

（2）结合原始数据与服役后检测数据进行状态分析。

（三）防磨防爆检查内容及标准。

检测对象自运行开始至10万h完成100%复查，机炉外管道运行10万h后，开始进行第二轮检查。进行第二轮检查时，应根据情况增加金相检验、硬度测试的比例。凡存在金相组织老化（或球化）较严重、硬度异常、壁厚减薄、缺陷扩展等情况时，应立即安排进行更换。

1. 管道检查内容及标准。

（1）焊口在机组投产后第一次A级检修开始进行无损检测复查，在10万h内须完成100%焊口的复查。

（2）对于厚度大于20mm的焊口，采用UT（超声）进行检测。

（3）对于安装期进行过热处理的合金钢焊缝，在机组投产后第一次A级检修开始进行光谱和硬度复查，在运行10万h内完成100%硬度复查。

（4）对于合金焊接接头硬度接近标准下限时，应做金相组织复核，发现组织异常的焊接接头应立即进行更换。

（5）对疏水、减温水等易发生热疲劳的管道，每运行3万h，进行取样检验，进行弯头测厚、焊口探伤。

（6）每次 A 级检修对管道支吊架的状态进行检查，必要时进行调整。

2.联箱检查内容及标准。

（1）联箱本体的对接焊缝在机组投产后第一次 A 级检修开始进行 UT（超声）无损检测复查，在 5 万 h 内须完成 100% 的复查。

（2）联箱本体及对接焊缝在机组投产后第一次 A 级检修开始进行硬度复查，在运行 10 万 h 内完成 100% 硬度复查。

（3）联箱接管座在机组投产后第一次 A 级检修开始进行 PT（渗透）无损检测或 MT（磁粉）无损检测复查，无法进行 MT 检测或是奥氏体钢采用 PT 检测，在 5 万 h 内须完成 100% 的复查。

（4）每次机组 A/B 修均须对联箱内部进行内窥镜检查和壁厚抽查。

（5）对于联箱硬度接近于标准值下限时，应做金相组织复核，发现组织异常应立即进行更换。组织未发现异常硬度偏低的焊接接头，对硬度下降程度分析评估，根据分析结果采取监督运行并尽快择机更换。

第四十九条　机炉外管检查。

（一）"机炉外管道范围"包含以下内容。

1.汽轮机、锅炉本体及四大管道以外工作介质温度大于 100℃或工作压力大于 1.6MPa 的汽水管道。

2.特殊管道，如汽轮机和发电机油系统管道、炉前燃油管道、氢气管道等。

3.根据机组运行工况，认为有必要检查的其他机炉外管道。

4.机炉外管道检验检测的范围为管座角焊缝至二次门后第一道焊缝。

5.锅炉加药管应检验检测至二次门后的管座角焊缝。

（二）各火电企业应建立健全机炉外管道检查台账（档案），并及时将相关检查信息登录至技术监督信息管理系统。台账应反映检查的真实情况，条理清晰、便于查阅。

（三）各火电企业应根据机组特点、制造及安装情况、运行工况等，合理制订检查计划。

（四）检查比例。

1.机组运行达到 10 万 h，应完成对机炉外管道的全面普查。

2.新机组投产后的首次检查性修理期间，应对所有机炉外管道进行摸底检查，每条管道检查比例不低于 10%。发现超标缺陷时，应进行扩检，并根据管道位置、缺陷分布、缺陷性质、缺陷率等因素确定扩检比例。

3.各单位应利用机组等级检修对机炉外管道进行检查，A/B 级检修检查比例应不低于 35%，C 级检修检查比例应不低于 10%。

4.如机组运行未达到 10 万 h 即已完成 100% 普查，则至运行 10 万 h 期间，应利用计划检修时机，根据历次检查结果，对机炉外管道进行抽查，抽查总比例应控制在 10% ~ 30%。

（五）检查要求。

1. 机炉外管道外观检查结合点检和巡检进行，重点检查是否泄漏、保温是否完好、管道是否异常位移、振动或变形、支吊架是否正常等。

2. 机炉外管道检查计划的制订应按照风险程度确定轻重缓急。分布在平台、步道附近人员集中或往来频繁区域的对人身安全构成威胁的机炉外管道，每次计划检修均应优先安排检查。其他机炉外管道检查的一般顺序是"先汽管道、后水管道""先焊接接头、后母材""先弯头（弯管）、后直管"。

3. 机炉外管道检验检测方法按照 DL/T 612—2017、DL/T 438—2016、DL/T 869—2012 的规定执行。

4. 机炉外管道检查发现的超标缺陷，应立即采取措施进行消除，并对同类管道、焊缝扩大检查比例。

5. 机炉外管道运行 10 万 h 后，开始进行第二轮检查。进行第二轮检查时，应根据情况增加金相检验、硬度测试的比例。凡存在金相组织老化（或球化）较严重、硬度异常、壁厚减薄、缺陷扩展等情况时，应立即安排进行更换。与主蒸汽管道相连的小管道（包括其管件），运行 10 万 h 后，应尽可能进行更换。

第六章　采暖供热机组管理

第五十条　运行管理。

（一）严格控制采暖供热期间入炉煤热值、灰分、水分和硫、氯、碱金属等元素含量，确保燃用煤质的稳定性。

（二）在采暖供热期前，应进行一次运行参数诊断和燃烧优化调整，确保在燃用煤种下锅炉能够长期稳定运行。

（三）加强采暖期锅炉运行参数的监视分析，防止锅炉出现结渣、结焦及超温倾向。

（四）供热量与带负荷发生矛盾时，应及时优化厂内电负荷和热负荷分配，严禁锅炉超负荷运行。

（五）加强热网加热器疏水品质的监督工作，防止热网加热器内漏影响锅炉汽、水品质。

（六）在炉膛水冷壁上安装壁面还原性气氛测点，定期开展水冷壁壁面还原性气氛测试，及时调整合格，防控发生水冷壁高温腐蚀泄漏。

（七）采暖供热期间，各单位须结合煤质、燃烧、热负荷等情况，每半个月对受热面壁温情况进行全面检查，分析超温情况并形成书面分析报告。

第五十一条　检修管理。

（一）采暖供热机组应合理规划机组检修工作，原则上要求在采暖季前进行一次防治"四管"泄漏的全面检查检修，并完成对高温管段材质评定。

（二）发现水冷壁管、省煤器管、低温段过热器管和再热器壁厚减薄量大于等于设计壁厚 20%、高温段过热器管和再热器管壁厚减薄量大于等于设计壁厚 15 % 或计算剩余寿命小于一个 A 级检修间隔的，要进行更换。

（三）每次检修对受热面管材老化速度进行评估，必要时进行更换，高温段受热面管可适当提高材质等级。

（四）加强辖区内供热管道的监督，至少应包含以下内容。

1. A/B 级检修时，管道对接焊缝、角焊缝及管道弯头，进行不少于焊缝及弯头数量 30%的无损探伤。

2. 采暖供热期间，每周检查供热管道保温、伴热等可靠性。

3. 供热管道膨胀节泄漏检查。

第五十二条　采暖供热期间发生"四管"泄漏，按照集团公司安排，技术监督支持单位委派调查组到现场开展泄漏事故调查分析，并向集团公司提交调查分析报告。火电企业应严格按照调查组要求做好配合工作。

第七章 受热面升级改造管理

第五十三条 受热面升级改造必要性及范围。

（一）为降低机组煤耗实施的参数升级改造。

（二）受热面超温导致组织严重老化（球化），出现蠕变损伤、力学性能下降等问题。

（三）对在役使用奥氏体钢的超（超）临界锅炉受热面管，运行时间在 5 万 h 以内且受热面氧化皮发生大面积集中剥落导致频繁爆管，分析属于锅炉设计选材原因且运行无法调整的高温受热面。

（四）锅炉深度调峰灵活性改造中经热力计算管材等级不满足，或低负荷深度调峰运行期间实际超温且无法调整的屏式受热面、高温过热器和高温再热器等受热面。

（五）受热面（包括省煤器、水冷壁、过热器、再热器）升级改造选材建议。

1. 亚临界锅炉以下锅炉省煤器可选用 20G、SA-178C；超（超）临界锅炉省煤器可选用 SA-210C。

2. 亚临界锅炉水冷壁可选用 20G、SA-210C；超临界锅炉水冷壁可选用 15CrMoG(T12)、T22；超超临界锅炉水冷壁低温段可选用 15CrMoG(T12)，较高温度区段可选 12Cr1MoVG；630℃高效超超临界锅炉水冷壁可选用 12Cr1MoVG，较高温度区段可选 T91。

3. 亚临界锅炉高温过热器、再热器管根据不同的温度区段，可选不同温度区段可选 TP304H、TP321H、TP316H、T91、12Cr1MoVG；低温过热器、再热器根据不同的温度区域，可选 15CrMoG(T12)、12C1MoVG、SA-210C、20G。

4. 超临界锅炉高温过热器、再热器、屏式过热器温度较高的区段可选 TP347HFG、内壁喷丸的 18-8 奥氏体耐热钢；温度较低的区段选 TP304H、TP347HFG、TP321H、TP316H、T92、T91；低温过热器、再热器根据不同的温度区域，可选 12Cr1MoVG、15CrMoG(T12)、SA-210C、20G。

5. 超超临界锅炉屏式过热器选 HR3C(TP310HCbN/07Cr25Ni21NbN/DMV310N)、内壁喷丸的 Super304H(10Cr18Ni9NbCuBN/S30432/DMV304HCu)、TP347HFG、内壁喷丸 18-8 奥氏体耐热钢；超超临界锅炉高温过热器、高温再热器管材可选用 HR3C(TP310HCbN/07Cr25Ni21NbN/DMV310N)、内壁喷丸的 Super304H(10Cr18Ni9NbCuBN/S30432/ DMV304HCu)。

6. 高效超超临界（620℃）锅炉高温过热器、高温再热器管材可选用 HR3C(TP310HCbN/07Cr25Ni21NbN/DMV310N)、内壁喷丸的 Super304H (10Cr18Ni9NbCuBN/S30432/ DMV304HCu)、

Sanicro25(S31035)、NF709R；630 ℃ 高 效 超 超 临 界 锅 炉 高 温 过 热 器、再 热 器 管 可 选 HR3C(TP310HCbN/07Cr25Ni21NbN/DMV310N)、内壁喷丸的 Super304H (10Cr18Ni9NbCuBN/S30432/ DMV304HCu)、Sanicro25(S31035)、NF709R、G115 钢；低温过热器、再热器根据不同的温度区域，可选 T92、T91、12Cr1MoVG、15CrMoG(T12)、SA−210C、20G。

7. 受热面超温会产生大量氧化皮并脱落，选材不建议选择钢研 102、T23 和 TP347H 材质。

第五十四条　受热面改造升级技术方案应经技术监督支持单位评审，确定改造升级的范围并确定最佳管材，尽可能降低改造成本，缩短改造升级时间。

第五十五条　改造锅炉"四管"或整组更新管子时，应制订相应的受热面制作及安装技术措施，由火电企业总工程师或分管生产副总经理核批，按规定报所属地特种设备安全监督管理部门备案，向特种设备检验机构申请检验，未经监督检验或监督检验不合格的，不得投入使用。在产品和工程验收时，应查收并归档质保书及其他有关技术资料，更新技术台账。

第五十六条　受热面管更新改造工程质量管控。

（一）锅炉受热面改造及大面积更换，应制订相应技术方案及措施。

（二）受热面外委加工、安装时，应按锅炉制造和安装有关技术要求对加工和安装单位进行资格审查。

（三）外委制造管排和弯管时，应向制造厂家提出技术要求，并派专人到厂家监造，交货时应提供质保书及有关技术资料。

（四）新制造加工的管排在安装前应按相关标准要求进行通球试验和水压试验，并根据管子内壁污垢情况、锈蚀程度分别采取相应的方法进行清洁或清洗。

（五）外委安装时，应派专业技术人员对安装过程和安装质量进行监督，或者委托第三方实施专业监理。

（六）锅炉受热面管子更换后，水压试验应严格按规程执行。

第八章　焊接工艺及质量管控

第五十七条　锅炉受热面管的焊接。锅炉受热面管焊接工艺及质量应按《焊接工艺评定规程》（DL/T 868—2014）、DL/T 869—2012 相关规定执行。

第五十八条　焊接工艺制订。

（一）开工前应对锅炉"四管"项目焊接工作量进行统计，编写焊接工程一览表，一览表中报告焊口规格、材质、数量、主要工艺要求等信息。

（二）锅炉"四管"焊接工艺卡中的焊接工艺参数应依据焊接工艺评定提供的数据来确定，所依据的焊接工艺评定应可覆盖实际焊接工程中所涉及的材质、规格及焊接位置等内容。

（三）锅炉"四管"焊接工艺评定应满足 DL/T 868—2014 相关要求，随焊接工艺卡一起提交金属技术监督主管审批。

（四）锅炉"四管"奥氏体和铁素体异种钢接头应由制造厂家完成。

（五）锅炉"四管"在焊接中应采用多层多道全氩弧焊接，焊层最少应≥ 2 层，每层焊道的接头位置应与上一层焊道接头位置错开 10mm 以上。

（六）奥氏体钢管焊接工艺制订应考虑尽量降低晶间腐蚀敏化温度区间的停留时间，在保证熔合的情况下尽可能降低输入的线能量。

（七）锅炉"四管"密封焊接不宜使用 CO_2 气体保护焊，与管部连接的密封焊接宜采用 ϕ 3.2 焊条并控制焊接电流，避免击穿管子。

（八）需要预热、后热及热处理的受热面管子焊接时，宜采用电加热方式。

（九）9Cr 系列铁素体钢管子焊接时，焊接电流、层间温度尽可能按照焊接工艺评定中的下限值进行控制。

（十）奥氏体钢管、铁素体钢封底焊接时应进行内壁充氩保护。

第五十九条　焊接质量管控。

（一）人员管理。

1.焊接操作人员（称焊工）、焊接热处理人员、无损检验人员、理化试验人员应持有相应资格证书且在有效期内，所持有的资格证原件应报监理及金属监督主管审核查验。

2.焊接技术人员应持有焊接工程师资格证或其他相关资质证书，技术负责人应拥有 3 年以上焊接技术管理的经历。焊接质检员应持有焊接质检师或焊接质检员资格证，且在有效期内。

3.焊工上岗前应先进行焊前模拟练习，并经金属监督人员及监理见证下实际考核合格后方可上岗。

4.焊工上岗作业时必须佩戴上岗证，上岗证内容应包括单位、姓名、照片、焊接项目等内容，并加盖管理部门公章。

5.焊工在实际作业过程中焊接接头无损检测一次合格率低于90%，应停止其焊接作业。

6.焊接技术人员、热处理人员、无损检测及理化试验等人员均应佩戴上岗证，所有持证上岗的人员应接受金属监督人员及监理等质量管理人员的监督与检查。

（二）焊接材料管理。

1.焊接材料必须选用国内（外）知名品牌，并经焊接工艺评定合格后方可使用。

2.焊接材料管理员必须经过职业培训，了解各种焊接材料的特点，熟悉储存、保管、烘干、发放、回收等工作流程。

3.焊材入出库时管理员应核对牌号，并做好入出库登记台账。

4.焊接材料管理员应建立焊材的烘干、保温、发放、回收等详细记录，焊条、焊丝领用确认实行管理员和领用焊工双签字，实现焊材使用可追溯管理。

5.焊工领用焊材时应持有焊接技术员签发焊材领用单，禁止同时领用两种及以上不同牌号的合金钢焊材，焊工应核对焊材牌号、规格及数量，并签名。烘焙后的焊条使用时应装入保温温度为80~110℃的专用保温筒内，随用随取。

6.每天焊接工作结束后，多余焊材应及时回收，做好回收记录，回收焊材重复烘焙时应有明显标识，并且优先使用。超过烘焙次数要求的焊材禁止使用。

（三）焊接过程管理。

1.焊工在焊接作业前需要接受技术人员技术交底，技术交底过程需金属监督人员及监理旁站。焊接技术交底主要讲解作业指导书中的工艺参数、焊接施工要点、质量保证措施等，交底后执行签字手续。

2.执行焊接小径管的焊工每天应限制焊口数量，数量上限依据焊接工艺评定参数和焊工有效工作时间综合考虑。焊接技术员负责对每日焊工焊口完成数量进行核对，擅自超出焊口上限予以考核。

3.焊工每天焊接工作应做好过程记录，记录内容至少应包括预热温度、对口间隙等内容，对于厚壁大口径管焊接应在每层每道焊接结束时做好层间温度记录。

（四）焊接检验。

1.检验检测单位（金属试验室）应取得《电力建设工程（火电）A级金属试验室》《特种设备检验检测机构核准证（无损检测）》等相应检验资质证书。

2.安装检验检测单位应编写《金属检验施工组织设计》，编制完成后报监理、项目单位审批。

3. 检验检测单位派驻到项目单位的金属实验室，其检测仪器、设备及附件应符合项目单位及相关标准要求，且在计量检定有效期内。实验室建筑及内部设施满足各项实验及检测的要求。

（五）质量验收。

1. 焊接工程结束后应编制《焊接工程竣工一览表》，内容包括部件名称、焊口规格、材质、数量、焊接方法、焊接材料、预热及热处理温度、检验方法及比例等。

2. 焊接质量验收及评价按《电力建设施工质量验收规程 第 5 部分：焊接》（DL/T 5210.5—2018）规程要求执行。在施工过程中，焊接技术人员、监理工程师应对施工人员是否按照工艺卡执行进行监督、检查、控制。

第九章　技术监督检查、检测、检验

第六十条　落实技术监督工作。按照集团公司技术监督细则（文号）开展检查、检测、检验等定期工作。

（一）锅炉专业。

1. 锅炉专业检查项目见表9-1。

表 9-1　　　　　　　　　　　　　　　　锅炉专业检查项目

专业	项目	内容	指标或周期
锅炉	主要指标	锅炉"四管"泄漏造成非停次数	≤ 0.5 次/（台·年）
		汽包两侧水位偏差	≤ 100 mm
		超（超）临界锅炉启停过程受热面管壁温变化速率	≤ 5.0 ℃/min
		受热面管壁温度	≤允许壁温值
		水冷壁近壁还原性气氛 CO	≤ 30000 ppm[①]
		水冷壁近壁还原性气氛 H_2S	≤ 200 ppm
		锅炉运行氧量	≥设计值
	检修监督项目	锅炉"四管"防磨防爆全面性检查	A/B 级检修
		锅炉"四管"防磨防爆检查	C 级检修

① 本书中的 ppm 代表百万分比，表示百万分之几。

2. 锅炉专业检验项目见表9-2。

表 9-2　　　　　　　　　　　　　　　　锅炉专业检验项目

项目	内容	指标或周期
日常运行监督项目	预防锅炉高温腐蚀的水冷壁近壁还原性气氛监测	每年
优化提升及事故分析	查找故障点，分析事故原因，提出整改意见，编写完整的事故分析报告	事故后
	对无法及时消除的装置性缺陷制订相应的技改计划	及时

3. 锅炉专业试验项目见表 9-3。

表 9-3　　　　　　　　　　　　　　　锅炉专业试验项目

项目	内容	指标或周期
日常运行监督项目	配煤掺烧试验	煤质发生较大变化后
	制粉系统、燃烧系统、喷氨系统调整试验	必要时
检修监督项目	锅炉性能试验	A/B 级检修前
	锅炉性能试验	A/B 级检修后
	冷风动力场试验、一次风调平试验	
	锅炉水压、风压试验	
	燃烧调整试验	
技改监督项目	主辅设备改造前性能试验、方案、可行性研究评估	技改前
	主辅设备改造后性能试验，评价改造效果	技改后
优化提升及事故分析	锅炉整体运行优化调整试验	必要时

（二）化学专业。

1. 化学专业检查项目及周期见表 9-4。

表 9-4　　　　　　　　　　　　　　　化学专业检查项目及周期

设备	部位	内容	指标或周期
锅炉设备	汽包/启动分离器	汽包底部积水及沉积物情况；内壁及内部装置腐蚀、结垢情况及主要特征；汽包运行水位线的检查确认；汽水分离装置异常情况；排污管及加药管是否污堵；对沉积物做沉积量及成分分析；对腐蚀指示片做腐蚀速率测定	计划检修时
	水冷壁	从热负荷最高处割取两段管样，一根为原始管段，另一根为监视管段（≥0.5m，火焰切割时≥1m），观察内壁积垢、腐蚀情况；测定向、背火侧垢量及计算结垢速率，对垢样做成分分析；检查水冷壁进口下联箱内壁腐蚀及结垢情况；水质长期超标时，加取冷灰斗管样，割管长度≥1.2mm（有双面水冷壁的锅炉取双面水冷壁管）。管样制取按照《火力发电厂机组大修化学检查导则》（DL/T 1115—2019）中第 4.2.2 条执行	计划检修时
	省煤器	机组大修时割取两根，其中一根为原始管段，另一根为监视管段，应割取易发生腐蚀的部位（如低温段入口弯头、水平管），锯割时至少长 0.5m，火焰切割至少长 1m；管样制取按照 DL/T 1115—2019 中第 4.2.2 条执行。观察氧腐蚀程度、有无油污、沉积物分布状况、颜色，做结垢量及成分分析；对入口管段的流动加速腐蚀情况进行检查，做好记录	计划检修时

续表

设备	部位	内容	指标或周期
锅炉设备	过热器及再热器	割取 1 ~ 2 根，割管部位按以下顺序选择：爆管及其附近部位、管径胀粗或管壁变色部位、烟温高的部位；锯割时至少长 0.5m，火焰切割至少 1m；检查管内有无积盐，立式弯头处有无积水、腐蚀；对微量积盐用试纸测其 pH 值，积盐较多时进行成分分析；检查高温段、烟温最高处氧化皮生成情况、测量氧化皮厚度、记录剥落情况；管样制取按照 DL/T 1115—2019 中第 4.2.2 条执行；测量垢量，并根据需要进行成分分析	计划检修时
汽轮机及辅机	汽轮机本体	目视各级叶片结盐情况，定性检测有无镀铜；调速级、中压缸第一级叶片有无机械损伤或麻点；中压缸一、二级围带氧化铁积集程度；检查每级叶片及隔板表面有无腐蚀；检查其 pH 值（有无酸性腐蚀），在沉积量最大的 1 ~ 3 级叶片，取沉积物最多处（50mm×100mm ≤ 面积 ≤ 100mm×250mm）的沉积物，计算其单位面积结盐量，同时做成分分析。其他参照 DL/T 1115—2019 中第 5 条执行	计划检修时
	凝汽器管	机组大修时，凝汽器铜管应抽管检查（钛管、不锈钢管可视运行情况确定是否抽管）。根据需要抽 1 ~ 2 根管，并按以下顺序选择抽管部位：曾经发生泄漏附近部位、靠近空抽区部位或迎汽侧的部位、一般部位。对于抽出的管按一定长度（通常 100mm）上、下半侧剖开。如果管中有浮泥，应用水冲洗干净。烘干后通常采用化学方法测量单位面积的结垢量。检查管内外表面的腐蚀情况。若凝汽器管腐蚀减薄严重或存在严重泄漏情况，则应进行全面涡流探伤检查。管内沉积物的沉积量在评价标准二类及以上时，应进行化学成分分析	计划检修时
	除氧器	检查除氧头内壁颜色及腐蚀情况，内部多孔板装置是否完好，喷头有无脱落。检查除氧水箱内壁颜色及腐蚀情况、水位线是否明显、底部沉积物的堆积情况	计划检修时
	高、低压加热器	检查水室换热管端的冲刷腐蚀和管口腐蚀产物的附着情况，水室底部沉积物的堆积情况；若换热管腐蚀严重或存在泄漏情况，应进行汽侧上水查漏，必要时进行涡流探伤检查	计划检修时

2. 化学专业测验项目及周期见表 9−5。

表 9−5 　　　　　　　　　　　　　化学专业测验项目及周期

项目	内容	指标或周期
日常运行监督项目	停、备用机组启动时水汽指标	各阶段含铁量指标达标
	运行中机组水汽质量异常处理	严格执行"三级处理"规定
机组计划检修项目	受热面管取样，并测定垢量，必要时进行垢物成分分析	按照 DL/T 1115—2019 进行评价
	汽轮机叶片、隔板及凝汽器进行检查取样，检测积盐腐蚀情况，必要时进行垢物成分分析	按照 DL/T 1115—2019 进行评价

（三）金属专业。

1. 金属专业检查项目及周期见表9-6。

表 9-6 金属专业检查项目及周期

项目	内容	周期
外观检查	管子内外表面不允许有大于以下尺寸的直道及芯棒擦伤缺陷：热轧（挤）管>壁厚的5%，且最大深度0.4mm；冷拔（轧）钢管>公称壁厚的4%，且最大深度0.2mm。对发现可能超标的直道及芯棒擦伤缺陷的管子，应取样用金相法判断深度	管材入厂验收时
检查检验报告	管材入厂复检报告；细晶粒奥氏体耐热钢管晶粒度检验报告；内壁喷丸的奥氏体耐热钢管的喷丸层检验报告，并对喷丸表面进行宏观检验	管材入厂验收时
制造资料、图纸	根据装箱单和图纸进行全面清点，检查制造资料、图纸，并对制作工艺和检验的文件资料进行见证（包括材料复验记录或报告、制作工艺、焊接及热处理工艺、焊缝的无损检测、焊缝返修、通球检验、水压试验记录等）	受热面管子安装前
	受热面管出厂前，内部不得有杂物、积水及锈蚀；管接头、管口应密封	受热面管出厂前
安装后检查的资料	（1）锅炉受热面组合、安装和找正记录及验收签证，受热面的清理和吹扫，安装通球记录及验收签证，缺陷处理记录，承压部件的设计变更通知单，材质证明书及复验报告。 （2）有关安装的设计变更通知单、设备修改通知单、材料代用通知单及设计单位证明。 （3）安装焊接工艺评定报告、热处理报告、焊接和热处理作业指导书。 （4）现场组合、安装焊缝的检验记录和检验报告，以及缺陷处理报告	
锅炉受热面安装质量、几何尺寸检查	（1）管子应无锈蚀及明显变形，无裂纹、重皮及引弧坑等缺陷；施工临时铁件应全部割除，并打磨圆滑，未伤及母材；机械损伤深度应不超过管子壁厚下偏差值且无尖锐棱角。 （2）管排等应安装平整，节距均匀，偏差≤5mm，管排平整度≤20mm，管卡安装牢固，安装位置符合图纸求。 （3）悬吊式受热面与烟道底部管间膨胀间距应符合图纸要求。 （4）各受热面与包覆管（或炉墙）间距应符合图纸要求，无"烟气走廊"。 （5）水冷壁和包覆管安装平整，水平偏差在±5mm以内，垂直偏差在±10mm以内；与刚性梁的固定连接点和活动连接点的施工符合设计图要求，与水冷壁、包覆管连接的内绑带安装正确，无漏焊、错焊，膨胀预留间隙符合要求。 （6）防磨板与管子应接触良好，无漏焊，固定牢靠，阻流板安装正确，符合设计要求	锅炉受热面安装后

续表

项目	内容	周期
锅炉受热面安装质量、几何尺寸检查	（7）水冷壁、包覆管鳍片应选用与水冷壁管同类的材料。鳍片安装焊缝的质量符合《水管锅炉》（GB/T 16507—2013）、《电力建设施工质量验收规程 第2部分：锅炉机组》（DL/T 5210.2—2018）等标准要求且无漏焊、假焊；扁钢与管子连接处焊缝咬边深度≤0.5mm，且连续咬边长度≤100mm。 （8）炉顶管间距应均匀，平整度偏差≤±5mm；边排管与水冷壁、包覆管的间距应符合图纸要求；顶棚管吊攀、炉顶密封铁件应按图纸要求安装齐全，无漏焊	锅炉受热面安装后
受热面管外观质量检查	锅炉检修期间，应对受热面管进行外观质量检验，包括管子外表面的磨损、腐蚀、刮伤、鼓包、变形（含蠕变变形）、氧化及表面裂纹等情况，视检验情况确定采取的措施	在役期间检查
在役水冷壁管的检查	（1）燃烧器周围和热负荷较高区域检查。 （2）冷灰斗区域管子检查。 （3）所有人孔、看火孔周围水冷壁管应无拉裂、鼓包、明显磨损和变形等异常情况。 （4）折焰角区域水冷壁管外观检查。 （5）检查吹灰器辐射区域水冷壁的损伤情况，应无裂纹、明显磨损。 （6）防渣管检查。 （7）水冷壁鳍片检查。 （8）对锅炉水冷壁热负荷最高处设置的监视段（一般在燃烧器上方1～1.5m）割管检查。 （9）水冷壁拉钩及管卡检查。 （10）循环流化床锅炉的检查	在役期间检查
在役省煤器管的检查	（1）检查管排平整度及其间距，应不存在烟气走廊及杂物，重点检查管排、弯头的磨损情况。 （2）外壁应无明显腐蚀减薄。 （3）省煤器上下管卡及阻流板附近管子应无明显磨损。 （4）阻流板、防磨瓦等防磨装置应无脱落、歪斜或明显磨损。 （5）支吊架、管卡等固定装置应无烧损、脱落。 （6）鳍片省煤器管鳍片表面焊缝应无裂纹、咬边等超标缺陷。 （7）悬吊管应无明显磨损，吊耳角焊缝应无裂纹	在役期间检查
在役过热器管的检查	（1）低温过热器管排间距应均匀，不存在烟气走廊；重点检查后部弯头、上部管子表面及烟气走廊附近管子的磨损情况，必要时进行测厚。低温过热器防磨板、阻流板接触良好，无明显磨损、移位、脱焊等现象。 （2）吹灰器附近包覆管表面应无明显冲蚀减薄，包覆过热器管及人孔附近弯头应无明显磨损。 （3）顶棚过热器管应无明显变形和外壁腐蚀情况；顶棚管下垂变形严重时，应检查膨胀和悬吊结构。 （4）对循环流化床锅炉过热器受热面，进行过热、腐蚀及磨损情况检查，必要时测量管子壁厚。	在役期间检查

续表

项目	内容	周期
在役过热器管的检查	（5）对高温过热器、屏式过热器做外观检查，管排应平整，间距应均匀；管子及下弯头应无明显磨损和腐蚀、无鼓包，外壁氧化层厚度≤0.6mm，管子胀粗不超过 DL/T 438—2016 规定。 （6）定位管应无明显磨损和变形，特别注意夹持管与管屏管的磨损情况。 （7）高温过热器弯头与烟道的间距应符合设计要求，管子表面应无明显磨损。 （8）过热器管穿炉顶部分与顶棚管应无碰磨，与高冠密封结构焊接的密封焊缝应无裂纹等超标缺陷。 （9）定点检测高温过热器出口段管子外径及壁厚	在役期间检查
在役再热器管的检查	（1）低温再热器管子应无磨损、腐蚀、鼓包或胀粗，重点检查后部弯头，必要时，应在减薄部位选点测量壁厚。 （2）屏式再热器冷却定位管、自夹管应无明显磨损和变形；屏式再热器弯头与烟道的间距应符合设计要求。 （3）高温再热器、屏式再热器管排应平整。 （4）高温再热器迎流面及其下弯头应无明显变形、鼓包等情况，磨损、腐蚀减薄后的剩余壁厚应满足强度计算所确定的最小需要壁厚。 （5）应根据运行中高温再热器超温情况，抽查管排炉顶不受热部分管段胀粗及金相组织情况。高温再热器管夹、梳形板应无烧损、移位、脱落，管子间无明显碰磨情况。高温再热器管穿炉顶部分与顶棚管应无碰磨，与高冠密封结构焊接的密封焊缝应无裂纹等超标缺陷。吹灰器辐射区域部位管子应无开裂、无明显冲蚀减薄	在役期间检查

2. 金属专业检测项目及周期见表 9-7。

表 9-7　　　　　　　　　　　　　金属专业检测项目及周期

项目	内容	周期
制造安装检测	受热面管的制造对接焊缝，应进行 100% 的射线检测或超声波检测，对于超临界、超超临界压力锅炉受热面管的焊缝，在 100% 无损检测中至少进行 50% 的射线检测	受热面管子制造安装期
受热面管安装前检测	（1）管子的表面质量应符合《高压锅炉用无缝钢管》（GB/T 5310—2017）要求，对一些可疑缺陷，必要时进行表面检测；焊缝与母材应平滑过渡，焊缝应无表面裂纹、夹渣、弧坑等超标缺陷。焊缝咬边深度≤0.5mm，两侧咬边总长度≤管子周长的 20%，且不超过 40mm。对合金钢管及焊缝按 10% 进行光谱抽查，应符合相关材料技术条件。 （2）抽查合金钢管及其焊缝硬度。不同格、材料的管子各抽查 10 根，每根管子的焊缝母材各抽查 1 组。9% ~ 12%Cr 钢制受热面管屏硬度控制在 180 ~ 250HB，焊缝的硬度控制在 185 ~ 290HB；硬度检验方法按本细则有关规定执行。若母材、焊缝硬度高于或低于本手册规定，应扩大检查，必要时割管进行相关检验。其他钢制受热面管屏焊缝硬度按 DL/T 869—2012 执行。	受热面管安装前

项目	内容	周期
受热面管安装前检测	（3）若母材（焊接接头）整体硬度偏低，割管样品应选硬度较的管子，若割取的低硬度管子（焊接接头）在实验室测量的硬度、拉伸性能和金相组织满相关标准规定，则该部件性能满足要求；若母材（焊接接头）整体硬度偏高，割管样品应选硬度较高的管子（焊接接头），除在实验室进行硬度、拉伸试验和金相组织检验外，还应进行压扁试验；若割取的高硬度管子在实验室测量的硬度、拉伸、压扁试验和金相组织满足标准规定（弯曲试验），则该部件性能满足要求。 （4）若对钢管厂、锅炉制造厂奥氏体耐热钢管的晶粒度、内壁喷丸层的检验有疑，宜对奥氏体耐热钢管的晶粒度、内壁喷丸层随机抽检。 （5）对管子（管屏）按不同受热面焊缝数量的 5/1000 进行无损检测抽查	受热面管安装前
锅炉受热面安装质量、几何尺寸检测	（1）抽查安装焊缝外观质量，比例为 1% ~ 2%，应无裂纹、咬边、错口及偏折度符合 DL/T 869—2012 要求；安装焊缝内部质量用射线检测抽查并符合 DL/T 869—2012 要求，抽查比例为 1%。 （2）对 T23 钢制水冷壁定位块焊缝应进行 100% 宏观检查和 50% 表面检测。 （3）锅炉吹管完成以后，应对屏式过热器、末级过热器和末级再热器等垂直管屏下弯头内部的异物进行检测，防止异物堵管导致过热爆管	锅炉受热面安装后
受热面管质量检测	（1）锅炉每次检修，应尽可能多地对锅炉四角部位和拘束应力较高区域的 T23 钢制水冷壁焊缝进行无损检测。 （2）检修中应重点对膜式水冷壁的人孔门、喷燃器、三叉管等附近的手工焊缝、鳍片进行宏观检查，对可疑裂纹应进行表面检测	在役期间检测
在役过热器管的检测	立式高温的过热器下部弯头内应无明显氧化产物沉积。对于采用奥氏体钢、T23 钢和钢研 102 等内壁氧化皮易剥落钢种制过热器管，检修中应对下弯头部位沉积的氧化层情况进行检验，并依据检验结果，采取相应措施清理；当锅炉累计运行达 3 万 h 后，应进行高温受热面管子内壁氧化皮厚度检测，根据检测结果，评定氧化皮剥落风险	锅炉累计运行达 3 万 h 后
在役再热器管的检测	立式高温的再热器下部弯头内应无明显氧化产物沉积。对于采用奥氏体钢、T23 钢和钢研 102 等内壁氧化皮易剥落钢种制再热器管，检修中应对下弯头部位沉积的氧化层情况进行检验，并依据检验结果，采取相应措施清理；当锅炉累计运行达 3 万 h 后，应进行高温受热面管子内壁氧化皮厚度检测，根据检测结果，评定氧化皮剥落风险	锅炉累计运行达 3 万 h 后
锅炉受热面安装质量、几何尺寸检验	（1）安装焊缝的外观质量、无损检测、光谱分析、硬度和金相组织检验，以及不合格焊缝的处理按 DL/T 869—2012、DL/T 5210.2—2018、DL/T 5210.5—2018 中相关条款执行。 （2）低合金、不锈钢和异种钢钢焊缝的硬度分别按 DL/T 869—2012 和《火力发电厂异种钢焊接技术规程》（DL/T 752—2010）中的相关条款执行。9% ~ 12%Cr 钢焊缝的硬度控制在 185 ~ 290HB	锅炉受热面安装后

续表

项目	内容	周期
在役水冷壁管的检验	（1）直流锅炉蒸发段水冷壁管，运行约 5 万 h 后，每次大修在温度较高的区域分段割管进行硬度、拉伸性能和金相组织检验。 （2）检修中应对内螺纹垂直管圈膜式水冷壁节流孔圈进行射线检测，对 T23 钢制水冷壁热负荷较高区域的对接焊缝应进行 100% 射线检验，对焊缝上下 300mm 区域的鳍片进行 100% 磁粉检验	在役期间检验
在役过热器管的检验	（1）按照 DL 647—2018 要求对低温过热器割管取样，检查结垢、腐蚀情况。 （2）按照 DL 647—2018 要求定期对高温过热器割进行检查；检查结果应符合 DL/T 438—2016 要求。 （3）运行 5 万 h 后，对壁温高于等于 450℃的过热器管应取样检测管子的壁厚、管径、硬度、内壁氧化层厚度、拉伸性能、金相组织及脱碳层。取样在管子壁温较高区域，割取 2 ~ 3 根管样。10 万 h 后每次 A 级检修取样，后次的割管尽量在前次割管的附近管段或具有相近温度的区段。 （4）运行时间 5 万 h 后，应对与奥氏体不锈钢连接的异类异种钢焊接接头进行外观检查，并按 10% 比例进行无损检测抽查；应对过热器管及与奥氏体耐热钢相连的异种钢焊接接头取样检测管子的壁厚、管径、焊缝质量、内壁氧化层厚度、拉伸性能、金相组织。取样在管子壁温较高区域，割取 2 ~ 3 根管样。10 万 h 后每次 A 级检修取样检验，后次割管尽量在前次割管的附近管段或具有相近温度的区段	在役期间检验，运行 5 万 h 后，10 万 h 后
在役再热器管的检验	（1）运行 5 万 h 后，对壁温高于等于 450℃的再热器管应取样检测管子的壁厚、管径、硬度、内壁氧化层厚度、拉伸性能、金相组织及脱碳层。取样在管子壁温较高区域，割取 2 ~ 3 根管样。10 万 h 后每次 A 级检修取样，后次的割管尽量在前次割管的附近管段或具有相近温度的区段。 （2）运行时间 5 万 h 后，应对与奥氏体不锈钢连接的异种钢接头进行外观检查，并按 10% 比例进行无损检测抽查；应对再热器管及与奥氏体耐热钢相连的异种钢焊接接头取样检测管子的壁厚、管径、焊缝质量、内壁氧化层厚度、拉伸性能、金相组织。取样在管子壁温较高区域，割取 2 ~ 3 根管样。10 万 h 后每次 A 级检修取样检验，后次割管尽量在前次割管的附近管段或具有相近温度的区段	在役期间检验，运行 5 万 h 后和 10 万 h 后

（四）热控专业。

1.按照相关计量法规要求，定期对锅炉设备的测点、仪表、保护进行校验、检查，确保正常投用。

2.检查管壁温度测点，对锅炉"四管"的壁温测量元件进行计量检定和维护。

3.维护锅炉"四管"泄漏报警装置可靠投入。

第十章 专项技术措施

第一节 防止锅炉"四管"爆漏运行控制重点措施

一、机组启动

1. 炉膛吹扫要求

（1）炉膛吹扫风量保持 30%~40%BMCR（锅炉最大连续蒸发量）风量，炉膛吹扫时间不少于 5min。

（2）温态、热态启动时尽量缩短锅炉风机启动时间，炉膛通风吹扫时间不大于 10min，吹扫后尽快点火，防止锅炉急剧冷却。

（3）冬季暖风器、热风再循环应投入，尽量提高空预器入口风温。

2. 上水要求

（1）冷态启动。上水温度控制，直流炉锅炉给水与锅炉水冷壁、汽水分离器金属温度的温差不大于 111℃，汽包炉给水与汽包壁温差值不大于 40℃，控制上水流量不大于 10%BMCR（锅炉最大连续蒸发量）。监视点：水冷壁和汽水分离器壁温、汽包上下壁温差 < 40℃。

（2）热态启动。尽量保持高的上水温度，上水温度不小于 100℃，控制上水流量不大于 5%BMCR。监视点：水冷壁和汽水分离器壁温、汽包上下壁温差不大于 40℃。热态启动上水时，就地加强巡回检查，发现异常振动声响，应降低上水流量或停止上水。

（3）上水温度与水冷壁金属温度温差越大，上水速度应越慢。

3. 启动第一台磨煤机条件

（1）热风温度。应保证磨煤机出口温度不小于 60℃。

（2）有氧化皮脱落问题的机组，冷态启动点火初期应利用微油、小油枪或大油枪进行烘炉进行暖炉，炉膛出口烟温达到 150℃时结束。无油枪时，应控制初始最低给煤量进行烘炉。

（3）锅炉投粉后重点监视事项。控制汽温升温速率不大于 1.5℃/min。锅炉点火后要进行就地看火，检查油枪和煤粉燃烧情况，发现燃烧不良时，进行必要的调整。

4. 启动中防止再热器超温的主要控制措施

（1）再热器干烧时的烟温控制。炉膛出口烟温不大于 540℃，或转向室烟温不大于

500℃（没有烟温探针的应沿烟道宽度加装不少于 2 个转向室烟温测点）。

（2）再热器进汽。主汽压力达 0.2MPa 时开启旁路，再热器通汽，尽量减少再热器干烧的时间（对一级旁路系统，通汽的压力温度要兼顾高压缸金属温度，尽量不使高压缸冷却）。高寒地区空冷机组，冬季为了空冷防冻，根据试验情况确定再热器通汽时的主汽压力。

5. 升温升压

（1）严格执行启动中不同阶段的升温升压速率控制要求。冷态启动蒸汽温度＜ 400℃时，温升速率不超过 1.5℃/min；温度＞ 400℃时，升温速率不超过 1℃/min。尤其注意升压初期的升压速率控制缓慢，汽包炉注意汽包上下壁温温差＜ 40℃。蒸汽温度＞ 300℃，每升高 50℃，建议停留一段时间使锅炉各部均匀膨胀。

（2）启动中对主汽、再热器减温水投入的要求。锅炉蒸发量＜ 10% 时，禁止投用主汽二级减温水和再热器减温水，防止雾化不良形成水塞造成管壁超温。投入减温水时，控制过热器减温器前后温差不大于 50℃，且保证减温后汽温有 30℃以上的过热度。

（3）热态启动点火后要保证锅炉燃烧率，防止长时间低燃烧率运行，锅炉受热面急剧冷却。

（4）直流锅炉严格按照规程规定的负荷点进行干湿态转换操作，并避免在该负荷点长时间运行。

6. 并网带负荷

（1）冷态升负荷速率不大于 5MW/min。

（2）按升温升压带负荷要求保证暖机暖炉时间，使锅炉受热面均匀膨胀，减少热应力。冷态启动全切油转换为全燃煤工况后，机组加负荷至 50%~60% 负荷运行，保持负荷稳定，维持 2h，对锅炉参数、受热面及本体膨胀、管道支吊架等进行全面观察无异常后才允许继续加负荷。

7. 带满负荷

继续加负荷至满负荷过程中，每次连续加负荷不超过 15% 额定负荷，宜停留 30~60min，观察锅炉整体情况无异常后方可允许继续加负荷。

锅炉启动过程中应检查和记录各联箱、汽包、水冷壁等膨胀指示器的指示、分析是否正常。

二、正常运行调整

1. 汽温控制

（1）机组运行中，尽可能通过燃烧调整，结合平稳使用减温水和吹灰，减少烟温、汽温两侧偏差和受热面壁温偏差，保证各段受热面吸热正常，防止超温和温度突变。严密监视锅炉蒸汽参数、蒸发量、水位及燃煤量，防止超温、超压、满水、缺水事故发生。

（2）锅炉运行中严格控制减温水量，控制好减温器后汽温，防止汽温变化速率超出规程要求，防止局部受热面超温。两侧汽温偏差不超过 15℃。减温水调门防止大幅波动，防止减温水量大起大落造成减温器管道疲劳损坏，受热面超温爆管。

（3）直流炉应严格控制煤水比，严防煤水比失调。湿态运行时应严密监视分离器水位，干态运行时应严密监视微过热点（中间点）温度，防止蒸汽带水或金属壁温超温。直流锅炉应配备蒸发段出口中间点温度保护装置。

（4）直流锅炉的蒸发段、分离器、过热器、再热器出口导汽管等应有完整的温度测点，以便监视各导汽管间的温度，各段受热面出口温度应有控制范围，超限应报警。

（5）定期检查锅炉底部水封和干渣机漏风情况，防止炉底水封破坏和干渣机漏风大，炉膛火焰中心上移引起受热面超温。

（6）运行人员应坚持保设备的原则，严禁在超温的情况下强带负荷。由于高压加热器退出、煤质变化等特殊原因导致汽温高，且难以控制时，机组带负荷应以满足汽温、壁温不超温为前提。

（7）锅炉水压试验、安全门整定时，要严格掌握升、降压速度，防止升压速度过快或压力、汽温失控造成超压超温现象。

（8）调节再热汽温的烟气调整挡板应定期检查，定期活动，防止积灰卡涩。喷燃器摆角和风门开度定期对位，保证四角平衡，摆动灵活无卡涩现象。

（9）根据壁温测点设置原则，对重点部位水冷壁、屏式过热器、高温段过热器和再热器等受热面布置管壁温度测点。应绘制壁温测点布置图，运行人员应掌握壁温测点的实际位置。正确设定炉外壁温测点的报警值，并在运行规程中明确壁温超限的处理原则。当以炉外壁温作为监视控制值时，要考虑炉外壁温与炉内实际最高壁温值的偏差值（对流受热面不小于 30℃，辐射可能达到 80℃以上）。

（10）运行中对壁温故障点、偏差大易超温点做好统计记录，停机后运行人员应提供管壁超温记录和异常部位，便于检修人员进行有针对性的检查。

（11）加强对受热面管壁温度的监测，必须建立受热面管壁温度和蒸汽超温台账，记录超温幅度、时间，并进行分析；建立超温分析考核制度，对超温、低温、温度波动进行分析并严格考核。

2.燃烧调整

（1）加强对燃煤的管理及燃烧调整工作，防止在锅炉启动、运行及调节负荷时燃烧工况的恶化、烟气偏斜、热负荷偏差和受热面管子超温。各层燃烧器配风调整要按燃烧调整试验结果进行规定并固化到逻辑中，严格按配风曲线调整，防止主燃烧器区大幅缺氧、炉内火焰偏斜、火焰中心上移、炉内温度场不稳等情况影响汽温。负荷调整时严格执行氧量曲线，对氧量表记应定期校验。为保证燃烧完全，在脱硝入口烟道设置烟气 CO 测点，监视烟气中 CO 一般不超过 200ppm。

（2）保证贴壁风风量和刚性，定期监测贴壁气氛，尤其是对冲燃烧锅炉要防止两侧墙缺氧，造成还原性气氛引起高温腐蚀。采用低氮燃烧器时应加强贴壁气氛监视，计划性检修时检查水冷壁管壁高温腐蚀情况。

（3）定期检查锅炉漏风情况，加强巡检，特别对人孔和各种检查孔的检查和巡检，及时消除漏风。

（4）应配置必要的炉膛出口或高温受热面两侧烟温测点，应加强对烟温偏差监视和调整，控制转向室烟温偏差＜50℃。各部位烟温测点应设立报警值，运行规程应明确省煤器、脱硝装置、空气预热器、电除尘入口、脱硫入口等部位烟道在不同工况的烟气温度限制值。

（5）制定入炉煤发热量、挥发分和硫分标准，按标准进行掺配，煤质保持稳定，超过标准偏差时要进行考核。

（6）煤种不稳定时要加强煤质分析，采样和分析分班次进行，保证运行人员看到运行煤质分析报告。运行人员要掌握入炉煤煤质情况，煤种变化后要加强监视、巡检和调整，掌握煤种变化带来的风险。

3. 热控调节

（1）正常运行中应定期检查汽温自动调节曲线是否平稳，不应有大幅波动或振荡现象，发现异常的应及时分析原因进行调整。

（2）机组启动过程中，汽温不稳、工况变化或蒸汽流量低时宜手动进行汽温控制，防止自动投入时大幅波动及受热面进水形成水塞。

（3）优化汽温自动控制策略，为防止加负荷过程中汽温、壁温、烟温超限，可以在协调控制中加入禁加负荷的汽温、金属壁温或烟温的限制条件。可以将受热面金属壁温变化引入汽温控制逻辑，以达到汽温、金属壁温协同控制的效果。

4. "四管"泄漏监视

（1）加强运行中的巡视检查，对管路振动、水击、膨胀受阻、支吊架变形、保温脱落等现象应认真分析原因，及时采取措施。炉外管发生漏气、漏水现象，必须尽快查明原因并及时采取措施。

（2）加强对"四管"泄漏监测测点的维护，确保报警可靠。"四管"漏泄报警装置应引入 DCS（分散控制系统），定期对"四管"漏泄监视曲线进行分析，防止探头堵焦积灰影响监测灵敏度。

（3）确认锅炉发生"四管"爆漏后，须尽快停炉。

5. 防寒防冻

（1）北方寒冷地区冬季应加强炉外管路、热工元件等防寒防冻工作，防止管路结冻引发爆管漏泄，防止热工元件重要保护测点变送器结冻引发保护误动等事件。

（2）秋检时要对蒸汽伴热管路和电伴热回路进行检查维护。对重要管路和元器件应加装温度监视引入主控室，设报警提醒运行人员及时处理。

三、机组停机

（1）原则上不采取深度滑参数停机。停机过程中汽温下降速率不大于1℃/min，每滑温30℃，要停留30～60min。滑停过程中煤水比要适中，避免汽温突降或突升导致管壁金属温度变化引发氧化皮脱落。无特殊情况，发生过氧化皮脱落或因氧化皮脱落爆管的锅炉禁止使用滑参数停机方式，特殊情况应制定滑停方案。

（2）停机后炉膛吹扫的要求：维持30%～40% BMCR的风量对锅炉吹扫5min，不超过10min。

（3）停机后控制主汽压下降速率不大于1MPa/30min，防止降压过快导致受热面急剧冷却。

（4）炉膛吹扫后停运送、引风机，停止脱硝氨稀释风机，停止脱硝系统吹灰器运行，关闭各风烟系统各挡板进行闷炉。闷炉时间不小于36h；之后自然通风冷却至少8h；转向室烟温＜150℃后才可启动风机强制通风冷却。通风冷却时烟温下降速率不超过10℃/h。通风过程中不得破坏炉底水封。

（5）特殊情况下，强制通风冷却要有经过生产副总经理或总工程师审批的冷却方案。

（6）直流锅炉汽水分离器压力达到适当压力进行热炉放水，汽包炉汽包压力达0.8~1.0MPa锅炉开始热炉放水，并监视汽包上下壁温差＜42℃。放水完毕后及时关闭锅炉所有疏放水门和空气门防止冷空气进入汽水系统引起管子骤冷。

（7）停机后要进行主汽、再热器干燥防腐，锅炉带压放水阶段和受热面抽真空防腐阶段不得进行通风，防止受热面中水汽不净，冷却凝结积存管内，造成内壁氧腐蚀。

（8）每次停机后必须对停机前一天及锅炉闷炉期间所有高温受热面蒸汽温度、管壁金属温度及偏差趋势进行分析，确保及时发现异常大幅波动现象，以便在停机期间对相应部位进行氧化皮检查。

第二节　锅炉高温受热面氧化皮防治技术措施

一、总则

（1）锅炉高温受热面氧化皮的防治，必须坚持电力设备全过程监督管理理念，在锅炉设备的选型、设计、运行、检修和改造各个环节，实现全过程技术监督和技术管理。

（2）新建锅炉在设备选型阶段，项目公司应及时与锅炉制造厂进行沟通，将了解和掌握的已投运同类型锅炉、同类型材料存在的问题反馈给制造厂，以便在设计中借鉴。当发现有重大技术问题时，应进行设计校核。

（3）在役锅炉应本着"减缓生成、控制剥落、加强检查、及时清理"的原则，监控受热面壁温，控制启停炉速率，发现问题及时采取清理措施，防止因氧化皮脱落引发锅炉爆漏事故发生和扩大。

二、设计过程控制

（1）各级过热器、再热器管屏应进行热偏差计算，充分考虑烟温偏差和流量偏差的影响，合理选择偏差系数。选用管材时，充分考虑氧化皮热阻效应导致的壁温升高因素，在壁温计算基础上应留有足够的安全裕度。

1）确认计算时的热偏差系数。高温受热面设计时壁温安全性计算的热偏差系数不宜 < 1.25。各锅炉厂可根据本厂的设计规范选取热偏差系数，但热偏差系数 < 1.25，应进行详细论证。

2）奥氏体不锈钢管材的壁温设计裕度宜 > 10℃，铁素体不锈钢的壁温设计裕度宜 > 15℃，必要时应对锅炉制造厂提供的受热面设计壁温进行校核计算。

3）过热器两侧蒸汽温度偏差不大于 5℃，再热器两侧蒸汽温度偏差不大于 10℃。

4）必要时应计算 75% 负荷下的具有辐射吸热特性的受热面壁温。

（2）锅炉高温受热面设计选材的钢牌号与化学成分、制造方法、交货状态、力学性能、液压试验、工艺性能、低倍检验、非金属夹杂物、晶粒度、显微组织、脱碳层、晶间腐蚀试验、表面质量、无损检验等技术条件应符合 GB/T 5310—2017 的规定。

（3）提高锅炉高温受热面管材抗蒸汽氧化能力可有效降低氧化皮的生产速度，从而降低剥落风险，包括提高管材的 Cr 量、管材的细晶粒化处理和内壁喷丸处理。

1）部分受热面管材基于抗蒸汽氧化性能的最高允许使用温度见表 10-1。

表 10-1　　　　　部分受热面管材基于抗蒸汽氧化性能的最高允许使用温度

钢牌号	12Cr2MoG（T22）	07Cr2MoW2VNbB（T23）	10Cr9Mo1VNbN（T91）	10Cr9MoW2VNbBN（T92）	08Cr18Ni11NbFG（TP347HFG）
最高允许使用温度（℃）	580	570	595	605	620

广泛应用于超超临界锅炉高温受热面的 10Cr18Ni9NbCu3BN（S30432）和 07Cr25Ni21NbN（TP310HNbN）设计壁温达到 640℃ 左右，经长期运行验证，在此温度下其抗蒸汽氧化性能可满足锅炉长期安全运行。近几年投产的高效超超临界锅炉，在高温再热器使用的这两种材料设计壁温均接近 670℃，运行时间尚短，其安全性有待验证。

2）钢管材料的细晶粒化处理，如 10Cr18Ni9NbCu3BN（S30432）、08Cr18Ni11NbFG（TP347HFG），超 / 超超临界锅炉高温过热器（再热器）选用的奥氏体不锈钢管材的晶粒度应控制在 8 ～ 10 级。晶粒度合格的 08Cr18Ni11NbFG（TP347HFG）管材，在 620℃ 的使用壁温下，在运行约 8000h 后的第一次停炉过程中，即使采取了停炉控制措施仍会发生氧化皮的集中剥落。但随着管材内表面富铬层的逐渐形成，在停炉控制措施得当的前提下以后不会再次发生集中剥落。

3）奥氏体不锈钢管子内壁喷丸处理，内壁喷丸处理后硬化层应均匀，厚度应达到 50μm 以上，硬度平均值不小于 280HV，且比母材基体的硬度大 100HV。蒸汽温度 600℃以上，宜选用喷丸处理的 10Cr18Ni9NbCu3BN（S30432）管材。喷丸处理的 08Cr18Ni11NbFG（TP347HFG）管材，可有效避免运行约 8000h 后第一次停炉过程中的剥落风险。喷丸处理的 TP347H 管材抗蒸汽氧化性能仍低于 TP347HFG 管材，随着运行时间的延长，其剥落风险将会加剧。

（4）同屏所使用的钢材牌号不宜超过两种，以降低异种钢材焊接带来风险。

（5）高温过热器管屏设计时，内圈管下弯头弯曲半径不得小于 3 倍管径，避免造成氧化皮等杂质易于在此处堆积。同时，应尽量增大末级过热器管内径尺寸。

（6）为加强高温受热面金属管壁温度的全面监测，适度增加热箱内高温受热面壁温测点数量。

三、锅炉检修

（1）新投运机组应从首次检查性 A 级检修开始对高温过热器、再热器进行氧化皮的监督检查，尤其是发生过因氧化皮脱落导致爆管的锅炉，应做到"逢停必检"。检查的内容应包括外观、胀粗、变形量、壁厚、内壁氧化皮厚度、下弯头氧化皮堆积情况等。对于无损检查发现氧化皮堆积较多的管段，应进行割管清理。

1）弯头氧化皮堆积检查。射线拍片法（铁素体钢、奥氏体钢）、磁性检测法（奥氏体钢）。

2）管屏内壁氧化皮厚度无损检验。超声法，氧化皮厚度 < 0.1mm 时精度较低。

3）割管检验项目。微观组织检验，力学性能试验，氧化皮厚度、结构和剥离程度。

（2）当受热面更换新管时，更换前必须对新管进行清理。割管后管口要及时封堵避免杂质落入。

（3）加强对减温器的调门和截止门的检查和修理，确保严密不泄漏。

（4）原则上不建议 Π 形锅炉经常进行水压试验，当锅炉进行了水压试验时，在积水点火烘干过程中应降低升温速度，待高温受热面同屏各管均烘干后再继续升温。

（5）对受热面氧化皮生成速度进行检测，对于 TP347H 氧化皮厚度达到 0.1mm 以上且启停炉期间发生集中剥落堆积受热面和 T23、T91、T92 氧化皮厚度达到 0.3mm 的受热面，宜采取管材升级或化学清洗措施，对达到临界剥落厚度的铁素体受热面亦可采取更换新管的临时措施。

四、锅炉启动过程控制

（1）根据直流炉的特性，燃料量投入速度比较快，工质膨胀现象比较明显，在压力 1.1MPa 左右工质膨胀较明显，分离器水位控制宜投入自动，在手动情况下要注意储水箱水位的变化。

（2）干、湿态的转换阶段要加强调整，保持各参数的稳定，特别是调整好煤水比，监视分离器入口工质焓值，严密监视水冷壁管金属壁温，避免受热面超温。

（3）锅炉蒸发量低于10%避免使用主汽减温水，再热减温水量不得大于10%再热蒸汽流量。各级减温水使用操作要平稳，温度控制要超前，避免突开突关减温水门使管壁急速降温和升温导致氧化皮集中脱落。

（4）启动过程严格按照锅炉厂提供升温曲线控制锅炉升温速率，瞬时温度变化率不得大于5℃/min，10min内温度突变不得超过30℃。

（5）启动过程中，不宜利用高、低压旁路对氧化皮进行吹扫。

五、锅炉运行控制

（1）合理调整燃烧工况，加强对锅炉主、再热汽温及锅炉各受热面壁温的控制及调整，尽量减少主、再热汽温及锅炉各受热面壁温的大幅度波动。

（2）吹灰是去除积灰和增强炉膛吸热的有效手段，避免蒸汽吹灰过程中蒸汽带水导致吹灰区域受热面急剧降温。

（3）合理调整煤水比例，控制汽水分离器出口焓值，避免煤水比失调引发过热器、再热器短期超温。同时减温水使用要平稳，避免大幅开启或关小减温水导致过热器、再热器管壁温度剧变引起氧化皮脱落。

（4）优化配风，合理分配磨煤机负荷，保证高温受热面区域不出现局部超温现象。

（5）燃烧器摆角应设置上限，避免在投自动情况下，燃烧器摆角上摆至最大时发生卡涩出现汽温超限引起过热器、再热器短时超温。

（6）严格控制升降负荷速率，控制管壁温度升降速率，加强汽温控制，杜绝蒸汽温度大幅波动或超温运行。

（7）在DCS各受热面管壁温度监测系统中，宜具有管壁超温报警次数和幅度自动累计功能，及时提示运行人员加强调整。此外，还应充分考虑氧化皮热阻效应，根据其厚度修正受热面报警温度，避免机组长期运行后管材超温。

（8）受热面沾污、结渣严重的锅炉，应加强燃烧调整、吹灰优化工作，必要时进行配煤掺烧，避免受热面超温和减温水的大量投用。

（9）对于四角切圆Π形炉，通过炉内各级二次风送风比例调整和分离燃尽风SOFA喷口水平摆动角度调整，尽量降低高温受热面屏间热偏差，避免减温水单侧投用导致的壁温波动。

六、锅炉停炉过程控制

1.正常停炉控制要求

（1）减负荷速率一般应控制在1.5%BMCR/min以内，主、再热汽温下降速率应控制在1℃/min之内，注意主、再热汽温及锅炉金属壁温的监视和调整，避免降负荷速率过快引起汽温突变导致氧化皮集中脱落。

（2）停炉过程中煤水比要适中，控制分离器出口焓值，逐步降低温过热器热度，避免汽温突降或突升导致管壁金属温度变化引发氧化皮脱落。

（3）停炉过程中主要是以降低燃料为主要手段，减温水的使用要适当，在整个滑停过程中减温水使用量不得超过蒸汽流量的10%。

（4）降至30%～35%额定蒸汽负荷时，锅炉将转入湿态运行，有启动循环泵时宜投入循环泵运行，此时应加强对给水流量的监视和调整，注意稳燃装置需具备点火条件，必要时应及早投用。

（5）在减负荷过程中，应加强对风量、中间点温度、主蒸汽温度的监视，若自动投入达不到要求，应及时用手动进行风量、煤水比及减温水的调整，同时监视分离器水位。

（6）停炉过程中，应通过开启高、低压旁路的方式，在降低机组电负荷的同时，保持锅炉蒸汽负荷在30%以上，主蒸汽和再热蒸汽温度在450℃以上，当机组电负荷降至电网允许值时，即刻停炉。

（7）在停炉过程中，若发现汽温变化幅度较大时，应直接手动MFT（主燃料跳闸）停炉。

（8）锅炉熄火后，维持炉膛风量在30%～35%，对炉膛吹扫5～10min。吹扫完毕，停用送、吸风机，锅炉进行密闭冷却，北方地区宜不小于48h，南方地区宜不小于36h，期间不得强制上水冷却。密闭冷却结束后自然通风冷却不小于8h，转向室烟气温度＜150℃后才可启动风机强制通风冷却。通风冷却时烟温下降速率不大于10℃/h，通风过程中不得破坏炉底水封，高寒地区宜保持暖风器运行。

2. 紧急停炉（事故停炉）控制要求

（1）当机组出现事故紧急停机（手动紧急停机或保护动作）且短期内不能再次启动，锅炉熄火后的冷却方式宜按照正常停炉后的冷却方式执行。若不能满足冷却要求，应根据氧化皮厚度评估剥落堆积风险，必要性采取检查和清理措施。

（2）锅炉停炉后，对锅炉主蒸汽及再热蒸汽系统进行降压，降压速率不大于1.0MPa／30min。

（3）锅炉熄火后，检查所有减温水隔绝门立刻关闭，避免减温水进入过热器系统发生"热聚冷"现象导致氧化皮脱落。

七、锅炉受热面金属壁温测点布置原则

1. 基本原则

金属壁温测点应能监测到运行温度较高的管子；应能全面反映受热面不同金属材料的壁温水平；应能监测到容易造成氧化皮脱落后堵塞的管子；对于同类型的首台机组，可以适当增加一部分测点；对某些新型材料缺乏使用经验，可以适当增加一部分测点；对于新建机组应能监测到容易造成杂物堵塞的管子。

2. 水冷壁

对于超（超）临界锅炉螺旋管圈水冷壁出口壁温测点，应每隔 3 ~ 6 根管布置一点。上部垂直管屏按与螺旋管圈对应布置。

对于超（超）临界锅炉垂直上升水冷壁，每个回路至少布置一个测点，热负荷较高区域应增设一点。

3. Ⅱ 形炉

（1）分隔屏过热器。分隔屏过热器的最外圈管子沿宽度方向应每屏布置一点。理论计算或同类型机组运行中壁温最高的管子，应每屏布置一点。

（2）后屏过热器。后屏过热器沿宽度方向的每片屏均装设壁温测点，且装在出口汽温最高的管子上。同时，对于切圆燃烧方式锅炉，沿宽度方向靠近两侧墙约 1/4 处装设全屏壁温测点；对冲燃烧方式锅炉，沿宽度方向在中部区域应装设 2 ~ 3 片全屏壁温测点。

（3）高温过热器、高温再热器。高温过热器、高温再热器按布置方式考虑，对于半辐射式高温受热面（位于折焰角之上）沿宽度方向每隔 2 ~ 3 片屏至少装设一个壁温测点；对于对流式高温受热面（位于水平烟道）沿宽度方向每隔 1m 装设一个壁温测点，均装设在每屏壁温分布计算值最高的管子上。

对于切圆燃烧方式锅炉，沿宽度方向靠近两侧墙约 1/4 处装设全屏壁温测点；对于对冲燃烧方式锅炉，在宽度方向的中部应装设 2 ~ 3 片全屏壁温测点。

管屏最内圈管子如采用弯曲半径小于 1 倍管径的弯管，则应装设壁温测点。

（4）低温过热器、低温再热器。低温过热器和低温再热器可以不布置全屏壁温测点，沿宽度方向每隔 1m 装设一个壁温测点。

4. 塔式炉

（1）一级过热器。一级过热器沿宽度方向应每隔 2 ~ 3 片屏在理论计算或同类型机组运行中壁温最高的管子上布置一点，并在靠近右侧墙约 1/4 处装设全屏壁温测点。

（2）二级过热器。二级过热器沿宽度方向应每隔 2 ~ 3 片屏在理论计算或同类型机组运行中壁温最高的管子上布置一点，并在靠近两侧墙约 1/5 处装设全屏壁温测点。

（3）三级过热器。三级过热器沿宽度方向应每隔 2 ~ 3 片屏在理论计算或同类型机组运行中壁温最高的管子上布置一点，并在靠近两侧墙约 1/4 处装设全屏壁温测点。

（4）一级再热器。一级再热器沿宽度方向应每隔 2 ~ 3 片屏在理论计算或同类型机组运行中壁温最高的管子上布置一点，并在靠近左侧墙约 1/6 处装设全屏壁温测点。

（5）二级再热器。二级再热器沿宽度方向应每隔 2 ~ 3 片屏在理论计算或同类型机组运行中壁温最高的管子上布置一点，并在靠近两侧墙约 1/4 处装设全屏壁温测点。

5. 新建锅炉壁温测点配置

（1）新建锅炉容易被制造和安装时残留异物堵塞的管子，根据蒸汽引入、引出的不同位置，每台锅炉可适当增加测点 15 点以上。例如对于两端引入的进口集箱，从集箱长度中间部位、集箱圆周下部引出的管子；对于用三通引入的进口集箱，从集箱两端的部位及两个三通中间部位、集箱圆周下部引出的管子。

（2）投运的新炉型，应在调研同类型锅炉实际金属壁温分布情况或理论计算的基础上，确定全屏壁温测点的装设位置。

（3）对出口蒸汽温度为620℃的末级受热面，建议全部受热面管子布置壁温测点。

第三节 防止蒸汽吹灰器吹损技术措施

蒸汽吹灰是锅炉运行中清理受热面结渣和积灰的最有效方法，可以强化吸热、降低排烟温度、调节汽温、提高锅炉效率。但蒸汽吹灰采用高温高压蒸汽作为吹灰介质，如果出现吹灰蒸汽疏水不净、过热度不足、吹灰距离太近、吹灰压力超标、枪管弯曲、吹灰器故障卡涩、受热面管排错列出排、护瓦脱落翻转等，都会造成锅炉受热面管子的吹损，给锅炉防磨防爆带来威胁。特制订预防措施如下。

一、正确设置吹灰压力

（1）蒸汽吹灰器压力应定期校验，包括吹灰蒸汽母管系统减压阀后压力和每台吹灰器提升阀后压力，建议随机组检修每年至少校验一次，如发现压力有明显变化，应分析原因；吹灰器检修或更换提升阀后，应对其压力进行测量调整，保证吹灰蒸汽压力在要求的范围之内。

（2）根据蒸汽吹灰器在锅炉中所处位置、烟气温度、枪管长度、枪管直径、受热面结渣积灰程度等，综合考虑确定吹灰蒸汽压力，无特殊要求时提升阀后压力控制在0.8 ~ 1.5MPa。

（3）锅炉炉膛出口及水平烟道高烟温区域的长行程蒸汽吹灰器要求具有足够的吹灰压力（蒸汽流量）以保证枪管的冷却，除非由专业人员核算吹灰压力，否则严禁随意下调吹灰压力。

（4）蒸汽吹灰器一般应保持0.8MPa以上的吹灰压力，以保证吹灰效果。由于水冷壁鳍片管无法加装防磨护瓦，如果出现严重的吹损，炉膛短行程吹灰器可适当降低蒸汽压力，并在实际运行中检验吹灰效果。

二、严格控制蒸汽温度

（1）锅炉受热面吹灰蒸汽要求过热度＞50℃，对于锅炉空预器为了防止低温腐蚀要求吹灰蒸汽的过热度＞80℃。吹灰蒸汽过热度达不到要求，容易造成吹灰蒸汽含水，造成受热面管子和空预器蓄热片的吹损；同时，蒸汽过热度不足，湿蒸气会与烟气中飞灰融合，容易造成受热面沾污甚至堵塞。

（2）在吹灰之前，要充分疏水来保证蒸汽温度。疏水温度根据吹灰器的提升阀后蒸汽压力设定，疏水时间不小于15min，控制逻辑按疏水温度"与"疏水时间控制。吹灰过程中若疏水温度＜250℃及时停止吹灰。

（3）疏水阀前应安装有温度测点，并应安装在垂直管道上。

（4）吹灰蒸汽管道应有一定的倾斜度，保证无沉积冷凝水的死点，管道及支吊架设计具有足够的柔性，能适应管道系统膨胀要求。疏水管道的设计要尽量短、减少弯头且保持较大的疏水角度（不小于0.3%）。按《火力发电厂汽水管道设计规范》（DL/T 5054—2016）的要求，疏水分支管内径为20mm以上，疏水母管内径应＞50mm，并确保畅通。如果发现疏水时温度上升较慢，则应检查疏水管道，对不符合要求或堵塞的管道进行改造。

三、定期调整吹灰轨迹

（1）蒸汽吹灰器的吹灰轨迹是受机械限制的，在整个流程中是固定不变的。起吹点和吹灰轨迹长期不变，对管屏的同一位置长时间重复吹灰，容易造成局部吹损。建议每次C级以上检修对吹灰器起吹点进行调整，调整范围限制在120°内。

（2）部分长行程吹灰器选用了螺旋线相位变化机构，这种机构在每个吹灰周期中，喷咀的相位会预先改变，避免了吹灰轨迹的重复，建议新机组优先选用带螺旋线相位变化机构的吹灰器。

四、优化吹灰运行方式

（1）保持蒸汽吹灰器在最优状态下运行。依据停机受热面检查和日常结焦情况，应通过试验和观察来确定锅炉受热面吹灰的周期结合吹灰前后排烟温度及主、再热汽温的变化情况，优化吹灰参数、频次、程序，避免过吹、欠吹，保证吹灰效果。

（2）未采取优化吹灰的机组尽快制定优化吹灰方案，根据机组负荷、锅炉结渣、积灰和壁温、汽温等数据确定吹灰频率和吹灰区域，并将优化吹灰方式固化为程序控制。

（3）运行人员应参与锅炉防磨防爆检查和吹灰效果分析，根据结焦积灰和受热面管吹损及时调整吹灰策略。

（4）当锅炉燃煤出现变化，应及时对吹灰方案进行调整。如掺烧褐煤易结渣，应注意加强水冷壁和屏区的吹灰；如掺烧准格尔煤灰量增大但结渣少，建议减少水冷壁和屏区的吹灰，加强尾部受热面的吹灰。

（5）一般的吹灰流程都是按烟气流程对受热面进行吹灰，即先吹上游受热面，后吹尾部受热面，但如果局部受热面积灰严重，也需要进行局部吹灰。但空预器蓄热元件容易积灰，一般建议最后进行空预器的吹灰。

（6）吹灰逻辑检查：吹灰器不正常、位置不正确应能报警，并自动停止吹灰程序。吹灰过程中根据报警情况，及时发现吹灰器异常，避免受热面吹损。

（7）锅炉长期高负荷运行，或烟温异常升高时，应增加吹灰次数；长期低负荷运行时，应联系调度申请提高负荷进行锅炉吹灰。

五、加强定期检修维护

（1）蒸汽吹灰器的检修和定期维护包括锅炉受热面吹损检查、蒸汽及疏水管道检查、吹灰压力调整、内外枪管检查、行走装置检查调整及维护加油、尾部密封填料定期更换、进汽阀严密性检查、通风阀检查等。

（2）为了防止吹灰枪管内残存凝结水对受热面造成吹损，可以采取调整吹灰器向炉内倾斜、枪管喷嘴朝向下方等措施来实现凝结水自流。

（3）提升阀设计有通风阀，通过通风阀利用锅炉负压实现吹灰器枪管的通风干燥，或利用压缩空气、通风机直接吹扫通风干燥。

（4）吹灰器枪管不能出现明显的弯曲，否则枪头摆动容易吹损受热面。《锅炉吹灰器和测温探针》（JB/T 8501—1996）中规定，按枪管长度与限定允许动态最大水平偏移量见表10-2。

表 10-2　　　　　　　　　按枪管长度与限定允许动态最大水平偏移量

枪管长度（m）	3	4.5	5.5	6.5	7.5	8.5	9.5	10.5	12.5	15
水平偏移（mm）	15	20	35	55	75	95	115	140	180	300

（5）对吹灰器的安装角度进行测量，保证吹灰器与水冷壁（或包墙过热器）的垂直，不偏向一侧吹扫。

（6）吹灰枪管及喷头应按承压部件进行设计、焊接、定期检验，不能采用堵板封头的型式。

（7）吹灰通道的受热面管属于易吹损区域，应加装护瓦或进行防磨喷涂，应定期检查护瓦，保持护瓦对受热面管子的完好保护，不能出现护瓦翻转、脱落及膨胀缝隙。

（8）吹灰通道内的受热面管排应定期检查，管屏出列、变形应及时复位，测量枪管与受热面管子的最小距离，保证在安全距离之外。

（9）吹灰通道内的受热面管子应严格执行锅炉防磨防爆定期检查制度，设定监控管段定期进行测厚并建立台账，存在吹损减薄的应进行分析并采取相应措施。

六、实施吹灰全过程管理

（1）完善现有的吹灰器运行台账，对吹灰器投运时间、缺陷、起吹点调整、吹灰压力、设备状况等进行详细记录，当班运行人员对吹灰前后锅炉参数变化和吹灰效果进行检查并确认、记录。

（2）吹灰期间，严格执行就地跟踪检查制度，维护人员现场巡视检查、全程跟踪吹灰器运行状况，发现缺陷及时处理。锅炉吹灰时，每次最多限两只吹灰器同时进行，禁止三只以上吹灰器同时进行吹灰。

（3）每只吹灰器吹灰结束后，应就地检查确认吹灰器退回原位，确认进汽提升阀关闭严密。

七、制订应急措施

（1）蒸汽吹灰器在炉内出现卡涩停滞现象，应立即采取措施退出，电动无法退出时，采取措施手动退出，退出后将故障吹灰器停电。应急处理过程中，要避免吹灰器长时间对一个位置连续吹扫。

（2）当吹灰器卡涩且不能立即退出时，应适当降低母管蒸汽压力，保持冷却蒸汽流量，并尽快退出吹灰器。

（3）长行程吹灰器可设定安全运行时间，且左右侧同步进行，发生不同步现象或超时应视为故障情况，立即派人检查。

（4）运行人员不得随意复位吹灰器画面报警，必须就地检查确认吹灰器退到位后，方可复位。

八、蒸汽吹灰吹损受热面的案例学习

蒸汽吹灰吹损锅炉受热面的主要原因包括蒸汽吹灰器故障未及时退出、吹灰器位置偏差、吹灰通道管子未加防护、吹灰蒸汽疏水不净、管束出列出排。应定期组织对相应案例学习，并针对本厂锅炉设备举一反三，对照查找问题并及时整改。

第四节　水冷壁高温腐蚀防治措施

一、高温腐蚀的检查

（1）火电企业每年对水冷壁高温腐蚀情况进行检查，必要时割管取样进行检验和试验分析，确定是否存在高温腐蚀。

（2）定期监测水冷壁贴壁气氛。对 St.ar（收到基全硫）< 1%，且煤质稳定的，每年至少 1 次；煤质偏离设计煤种，且 St.ar > 1% 时，应及时开展测量工作，如测量 CO 浓度高于 30000ppm、H_2S 浓度高于 200ppm（或接近 200ppm）时，水冷壁存在高温腐蚀风险，应加强水冷壁贴壁气氛的监测，并在检修过程中加强对水冷壁高温腐蚀现象的检查。

二、高温腐蚀的防治

1. 燃料管理

（1）入炉煤煤质应根据锅炉的要求进行选配，以设计煤质为基础，若煤质波动超出规定范围应开展试烧试验。

（2）定期进行水冷壁壁面气氛进行测试，在没有采取防高温腐蚀措施的情况下，对于掺配高硫煤比例的确定，水冷壁壁面气氛应满足：$O_2 > 1\%$、$H_2S \leq 200ppm$、$CO \leq 30000ppm$ 的要求。

（3）燃用与设计煤质硫、氯、碱金属（钠、钾）等元素含量及灰熔点偏差较大煤种时，或需燃用多种煤质时，必须开展试烧或掺烧试验，评估对炉内结焦、高温腐蚀及污染物排放的影响。

2. 运行管理

优先考虑燃烧优化调整。通过优化风粉分配的均匀性、煤粉细度和一、二次风组织，调整煤粉气流的着火距离。重点解决前后墙对冲锅炉火焰偏斜冲刷、扫边导致的炉膛两侧墙高温腐蚀和 W 火焰锅炉由于一、三次风速失调、一次风冲底所致的冷灰斗斜坡高温腐蚀。

锅炉采用主燃区过量空气系数低于 1.0 的低氮燃烧技术时，CEMS 系统（烟气排放连续监测系统）还应加装 CO 在线测量模块，在线监测 CO 含量。

3. 贴壁风改造

论证在腐蚀严重区域局部进行贴壁风改造的可行性。在燃烧器区和还原区等易腐蚀区域合理布置贴壁风，解决水冷壁近壁区强还原性气氛，以达到减缓水冷壁高温腐蚀的效果。

4. 喷涂防腐层

防止水冷壁高温腐蚀所实施的喷涂措施，应选择适宜的材料和优良施工工艺，并由具备专业技术能力和检验能力的专业队伍进行质量监督检验和对施工工艺进行监督，检验喷涂丝材有效成分、结合强度、孔隙率和封孔质量等涂层性能，保证防腐层在保质期内不发生脱落、穿透等失效情况。

5. 燃烧器改造

对于四角切圆锅炉调整切圆直径或进行燃烧器喷口改造，包括周界风喷口两侧不等宽改造、二次风偏置角度调整、一次风喷口浓淡方向改造等。必要时论证燃烧器布置及型式的改造方案。

第五节　支吊架检修维护管理规定

汽水管道是火电机组的关键部件之一。管道支吊架状态异常会使支吊架承载分配及管系受力发生变化，造成管系的应力分布不均，特别是焊口、三通、弯头等部位应力大幅增加；管道支吊架状态异常也会引起管道与设备连接处的端部推力和力矩发生改变，可能导致设备基础松动、移位或端部接口失效，缩短管道和设备的使用寿命。管道支吊架工作状态异常不能及时发现并加以调整，将严重影响电厂的安全运行。为进一步加强管道支吊架检查、维护、检修、调整等工作，依据《火力发电厂汽水管道与支吊架维修调整导则》（DL/T 616—2006）；《管道支吊架　第 1 部分：技术规范》（GB/T 17116.1—2018），特制订本措施。

一、检查周期及范围

（1）主蒸汽管道、高低温再热器管道、高压给水管道及其他重要管道的支吊架，每年分别在热态、冷态下逐个目测检查并记录各指示值一次，并记入档案；如机组连续运行，在热态下进行两次逐个目测检查及记录。检查、记录工作由电厂维护人员完成，检查中发现的问题定期反馈专业机构。检查内容参见表 10-3 和表 10-4，缺陷代码应用举例见表 10-5。

表 10-3 管道支吊架热态 / 冷态检查记录表

序号	支吊架编号	支吊架类型	工作载荷（kN）	热 / 冷位移（mm）			检查记录	
				X	Y	Z	热态检查结果	冷态检查结果
1								
2								
3								
4								
5								
6								
7								
8								
9								
10								
⋮								

表 10-4 支吊架检查项目卡

部件	检查内容	检查情况	缺陷代码
根部管部	生根钢构	变形、薄弱等	QR–1
	根部焊缝	开裂、焊缝强度不足等	QR–2
	管部紧固螺栓	松动、缺失、扁螺母承载等	QR–3
功能件	变力弹簧—超载	超载	QV–1–X
	变力弹簧—欠载	欠载	QV–2–X
	变力弹簧—其他	①锈蚀；②结构断裂损坏；③卡涩；④异物；⑤标识；⑥其他	QV–3–X
	恒力弹簧刻度	拉死为 100%，顶死为 0%	QC–1–X
	恒力弹簧指针是否缺失	是 / 否	QC–2
	恒力弹簧—其他	①锈蚀；②结构断裂；③卡涩；④异物；⑤标识；⑥其他	QC–3–X
	阻尼器—外露格数	具体格数	QS–1–X
	阻尼器—渗油、漏油	①渗油；②漏油	QS–2–X
	阻尼器—销轴磨损	是否磨损	QS–3

续表

部件	检查内容	检查情况	缺陷代码
连接件	吊杆断裂	是否断裂	QB-1
	吊杆偏装	偏装（倾斜）超标	QB-2
	花篮螺母余量	是否内旋	QB-3
	锁紧螺母	是否松动	QB-4
	吊杆松动	是否松动	QB-5
	吊杆弯曲、弯折	是否弯曲	QB-6
	销轴开口销	是否松脱	QB-7
	其他		QB-8
限位	支架损坏	断裂、功能失效、滑出滑动面等	QR-1
	支架脱空	是否脱空	QR-2
其他缺陷			QO-X

表 10-5   缺陷代码应用举例

QV-1-20	超载约 20mm
QV-2-15	欠载约 15mm
QV-3-1	本体锈蚀
QC-1-20	刻度 20%，估值
QS-1-10	外露 10 格（1 格为 10mm），老式阻尼器等效折算（无法测量时可估值）

（2）主蒸汽管道、高低温再热器管道、高压给水管道及其他重要管道投运 3 万~4 万 h 及以后每次 A 级检修应对管道和所有支吊架的管部、根部、连接件、弹簧组件、减振器与阻尼器进行一次全面检查和调整，做好记录，必要时（日常检查发生严重异常、其他重大情况、其他专业机构建议等）在两次 A 级检修中增加一次全面检查和调整。全面检查工作由电厂委托专业机构完成。

（3）其他热态承压汽水管道，应每年热态、冷态逐个目测检查一次，检查内容参见表 10-4。检查、记录工作由电厂维护人员完成。A 级检修时进行一次全面检查和调整，其中重要支吊架全面检查和调整工作由电厂委托专业机构完成。

（4）电厂应根据制造厂和设计要求对变力弹簧支吊架、恒力支吊架、减振器、阻尼器、滑动支架、限位支架和刚性吊架进行保养维护，包括但不限于清理、润滑、防腐及防锈处理，以及对液压阻尼器的油位、密封材料和液压油是否老化的检查。

（5）基建机组严格执行 DL/T 612—2017 第 12.4 节"管道支吊架安装的要求"，并委托支吊架检验调整专业机构对主要汽水管道（主蒸汽管道、高低温再热蒸汽管道、高压给水管道和其他重要的汽水管道）支吊架的设计、选型、安装进行监督指导；管道试运行前后对支吊架进行全面检查和调整。

二、异常情况检查

（1）支吊架日常维护的检查发现支吊架异常或有疑问时，应对附近相邻支吊架和相关管道的状态进行针对性检查。

（2）机组运行中发生管道水击、汽锤及安全门动作后、主管道大面积更换异种保温材料，应及时对相关管道系统及支吊架进行一次全面检查。

（3）管道系统焊缝或部件发生裂纹缺陷，除分析焊接和管件质量外，还应检查与焊缝或裂纹缺陷相邻近的支吊架状态，测定其位移方向和位移量，根据管道的实际状况委托专业机构进行包括应力分析在内的综合分析，并制定处理措施。

（4）与管道连接的设备出现变形或非正常的位移、振动、管道与设备接口焊缝或其他可视部位焊缝出现裂纹缺陷时，应对相应的支吊架进行检查，必要时应按实际情况委托专业机构进行管道推力与力矩计算，并制定处理措施。

（5）主管道的敏感位置的限位装置出现异常变形或开裂时（特别是在锅炉或汽轮机接口附近的限位装置），应立即委托专业机构进行分析并制定处理措施，情况危急时应立即停机。

（6）更换管道系统管件、大范围拆除及更换管道绝热材料、更换已损坏或老化的零部件或材料等维修项目，维修方案应经过专业机构审核。

（7）管系的膨胀指示器应规范安装及记录，此记录应长期、完整保存，并作为管系及支吊架日常检查的一部分，进行同步管理。现场缺失的膨胀指示器应恢复，不便于观察的膨胀指示器可委托相关专业机构进行位置调整。有条件的单位可增加电子化膨胀指示器以利于膨胀监测。

三、其他要求

（1）电厂应组织内部学习相关规范，同时电厂应加强对支吊架检查和维护人员的培训，必要时可组织外部专业培训；应由有经验或经过培训的人员承担管道及支吊架日常维护、定期检查工作。

（2）电厂应做好管道及支吊架资料管理工作。建立基础档案、运行管理档案及维护档案，包括设计资料，施工移交资料、运行维护历史记录、事故报告及处理记录、定期检查和正常监测记录等。资料应永久保存，鼓励建立规范化数据库。

（3）电厂负责组织业绩优良、有专业资质的机构按照导则和标准 DL/T 616—2006、GB/T 17116.1—2018 进行管道与支吊架检验、检修、调整工作，并负责实施过程（包括热态检查、冷态检查、调整施工、热态复查、项目验收及总结报告）的技术管理工作。

（4）管系及支吊架进行维修或更换时应由经评定合格的维修人员进行。

第六节 机组停（备）用防锈蚀保护措施

（1）各发电公司应依据 DL/T 956—2017，结合本单位实际情况，制定机组停（备）用防锈蚀保护管理制度及实施方案。实施方案中应明确适用期限、范围、设备状态、技术要点、工艺要求、操作步骤、节点检查项目及效果评估等。

（2）机组停（备）用防锈蚀保护工作，过程复杂，实施风险大，涉及多个系统、多个专业，各专业应分工协作，各司其职。

（3）有关专业职责明确如下。

1）化学专业负责组织制定机组防锈蚀保护技术措施，开展实施过程中的化学监督，并对防锈蚀保护效果进行检查、评价和总结，建立防锈蚀保护档案（见表10-6），不断完善机组停（备）用防锈蚀保护方案。

2）热机专业负责依据措施要求，制订符合本厂实际情况的防锈蚀保护工作票，并进行相关设备和系统的安装、操作、维护，并建立操作台账。配合化学专业对防锈蚀保护效果进行检查、评价和总结，提供运行数据，补充台账内容。

3）涉及转动设备、电气设备、接地网及热工仪器仪表（在线化学仪表）等方面的停（备）用保护，由相关专业负责按照标准或设备说明书的要求制订对应的保护方案，并征求化学专业人员的意见。

4）运行人员应根据机组停（备）用防锈蚀保护措施编制操作票，并组织实施，典型操作票示例见表10-7。

（4）停（备）用防锈蚀保护方法选择参见表10-8，具体要求如下。

1）选择机组防锈蚀保护方法的主要因素包括机组给水处理方式、停（备）用时间的长短和性质、现场条件（包括当地气候条件，如海滨电厂盐雾环境、冻结因素等）、可操作性、安全性和经济性。

2）保护方法不应影响机组正常运行热力系统所形成的保护膜；不应影响机组启动和正常运行时汽、水品质；不应影响机组按电网要求随时启动运行；不应影响检修工作和检修人员的安全，避免采用易燃易爆或有毒有害物质及过高温度和压力参数。

3）超临界和超超临界参数机组不建议采用成膜胺类防锈蚀保护方法；配有凝结水精处理设备的亚临界机组，不宜采用成膜胺类防锈蚀保护方法，如采用应制订机组启动过程中热力系统详细的冲洗程序，并进行严格的监督检测，只有确认凝结水不含成膜胺时，才能投运凝结水精处理设备。

4）采用新型有机氨碱化剂进行停用保养时，应严格经过科学论证、试验后实施，防止药品过量或分解产物污染、腐蚀热力设备。

5）给水采用 AVT（R）（还原性全挥发）处理工艺的机组，可采用氨—联氨溶液法或氨—联氨钝化法，是有铜给水系统热力设备相对较方便的防锈蚀保护方法；应根据机组停

（备）用时间长短，确定联氨的加入量，并在保护期间定期监督检测和补充。

6）给水采用 AVT（O）（弱氧化性全挥发）或 OT（给水加氧）处理工艺的机组，不宜采用氨—联氨溶液法或氨—联氨钝化法，采用停机前加大凝结水泵出口氨的加入量，提高水汽系统 pH 值，是无铜给水系统热力设备相对较方便的防锈蚀保护方法，应根据停（备）用时间长短，控制不同的 pH 值范围。

7）"氨水碱化烘干法"由于技术成熟、简单易行，不用增加新的加药设备和不向水汽系统额外添加其他药剂，而适合各参数机组，是目前最常用的机组停（备）用防锈蚀保护方法，应在尽量高的锅炉允许压力、温度下放水，以保证受热面烘干程度；同时可利用凝汽器抽真空设备和启动旁路系统对汽轮机通流部分、过热器、再热器持续抽真空，以使热力设备表面干燥、不积水。

8）有条件的电厂，可采用干风干燥法、邻炉热风烘干法等进行水汽系统热力设备的停（备）用防锈蚀保护。

9）机组设有充氮系统，且氮气气源充足时，充氮密封法是较为可靠的水汽系统热力设备停（备）用防锈蚀保护方法。

10）海滨电厂应注重机组停（备）用防锈蚀保护措施的有效性，必要时应配备专用的通风干燥设备，以解决机组长期停（备）用面临的盐雾腐蚀问题。

11）处于高寒地区的电厂，机组停（备）用防锈蚀保护措施中应有针对冬季停炉的防寒防冻措施，尽量不采用湿法保护方案。应考虑到机组长期停（备）用时热工表管冻结的可能性，制订各类润滑油、燃油系统的防凝固措施，以及保持伴热系统足够的压力等。

（5）各单位应加强对机组停（备）用防锈蚀保护的过程监督。监督项目及控制标准见表10-9，有关要求如下。

1）做好机组停（备）用期间的化学监督和机组启动时的水质控制，根据机组停用期间的热力设备腐蚀检查结果和机组启动时的水汽质量达标时间，评价机组停（备）用防锈蚀效果。

2）机组连续停（备）用时间超过 3 个月时，应安排进行锅炉点火试运转，并启动相关主辅设备，按照经过评估、优化后的防锈蚀保护方案再次进行机组防锈蚀保护，以保障机组可靠备用，降低启动风险。

3）防锈蚀保护产生的废液应经过处理，排放应符合《污水综合排放标准》（GB 8978—1996）的规定。

机组停（备）用防锈蚀保护档案模板

国能　　　发电公司　　　号机组停备防锈蚀保护档案

表 10—6

停（备）用时间	停（备）用原因	启动时间	启动时的水质监督	保护方法要点	保护过程中存在的问题及解决措施
			按照 DL/T 561—2013 和《电力基本建设热力设备化学监督导则》（DL/T 889—2015）标准的相关的要求监督机组启动过程各阶段的水质指标；记录机组并网后给水指标达到正常值和蒸汽指标达到正常值所需时间（h） 冷态冲洗： 热态冲洗： 锅炉点火： 汽机冲转： 机组并网： 达到正常值所用时间（h） 给水指标：　主蒸汽指标：		

表 10-7　机组停（备）用防锈蚀保护操作票示例

国能＿＿＿＿发电公司＿＿＿＿号机组防锈蚀保护操作票

机组停机时间：＿＿年＿＿月＿＿日＿＿时＿＿分　　操作完成汇报时间：＿＿日＿＿时＿＿分

顺序	操作开始时间	执行措施
1		机组停机前 2h，退出混床运行，调整锅炉给水 pH 值在 9.6 以上
2		机组停机前，检查高低压旁路处于正常备用状态
3		机组停机后，维持 30% 风量吹扫 5min 后，立即同时停止两侧送引风机运行，关闭所有风烟挡板，联络挡板。风机动静叶及二次风小风门、锅炉进行闷炉，锅炉自然降压
4		机组停运后，关闭锅炉给水电动门及调节门，维持汽机真空系统与轴封系统正常运行
5		检查确认机组排水槽水位在较低位置，满足锅炉放水要求
6		当汽压力降至 1.8MPa 时，迅速开启锅炉所有疏水门进行热炉放水；待过热器、再热器、启动分离器压力降至 0.2 MPa 时，依次开启相应放空气门；开启水冷壁入口联箱疏水至无压放水手动门
7		当锅炉放水 5h 以上，检查确认水冷壁入口联箱疏水至无压放水无水流出后，关闭锅炉所有疏水门、所有放空气门
8		联系热控人员强制低压旁路开启条件，维持凝汽器压力 -0.06MPa，开启高低压旁路，利用凝汽器抽汽空系对锅炉主、再热系统进行抽真空。抽空气 1h 后，开启锅炉省煤器、水冷壁、过热器、再热器放空气门，用空气置换锅炉内残存湿气 1h。关闭所有放空气门，然后重复上述步骤 2~3 次，至达到保护要求
9		抽真空结束后，关闭高低压旁路，锅炉一、二次系统保持真空状态进行保养
10		抽真空结束后 1h，且锅炉熄火大于 6h 后，根据需要可开启烟风各系统挡板，炉膛进行自然通风冷却
11		锅炉停炉 18h 后，根据需要可以启动引送风机进行强制冷却，控制锅炉金属受热面管壁温度下降速率小于 0.2℃/min
12		空预器入口烟温降至 50℃时，停止送引风机运行，锅炉自然冷却

续表

顺序	操作开始时间						执行措施	操作完成汇报时间:			
		年	月	日	时	分		日	时	分	
13							操作结束，汇报值长				

主要风险点及控制措施:

备注:

值长:_____　　主值:_____　　监护人:_____　　操作人:_____

表10-8 停（备）用热力设备防锈蚀方法选择参考

防锈蚀方法	适用状态	适用设备	防锈蚀方法的工艺要求	停用时间					备注
				≤3天	<1周	<1月	<1季度	>1季度	
干法防锈蚀保护 — 热炉放水余热烘干法	临时检修、C级检修	锅炉	炉膛有足够余热，系统严密，放水门、空气门无缺陷	✓	✓	✓			应无积水
负压余热烘干法	计划性检修	锅炉	炉膛有足够余热，配有抽气系统，系统严密		✓	✓	✓		应无积水
邻炉热风烘干法	冷备用计划性检修	锅炉	邻炉有富裕热风，有热风连接通道，热风应能连续供给		✓	✓			应无积水
干风干燥法	冷备用计划性检修	锅炉、汽轮机	备有干风系统和设备，干风应能连续供给			✓	✓	✓	应无积水
热风吹干法	冷备用计划性检修	锅炉、汽轮机	备有热风系统和设备，热风应能连续供给		✓	✓	✓	✓	应无积水
氨水碱化烘干法	冷备用计划性检修	锅、炉、无铜给水系统	停炉前4h加氨提高给水pH:9.4~10.0，热炉放水，余热烘干	✓	✓	✓	✓	✓	应无积水
吹灰排烟通风干法	冷备用、封存	锅、炉、烟气侧	配备吹灰，排烟气设备和干风设备			✓	✓	✓	应无积水
通风干燥法	冷备用计划性检修	凝汽器、水侧	备有通风设备		✓	✓	✓	✓	应无积水

续表

防锈蚀方法		适用状态	适用设备	防锈蚀方法的工艺要求	停用时间					备注
					≤3天	<1周	<1月	<1季度	>1季度	
湿法防锈保护	蒸汽压力法	热备用	锅炉	锅炉保持一定压力	√	√				
	给水压力法	热备用	锅炉及给水系统	锅炉保持一定压力，给水水质保持运行水质	√	√				
	维持密封、真空法	热备用	汽轮机、再热器、凝汽器侧	维持凝汽器真空，汽轮机轴封蒸汽保持使汽轮机处于密封状态	√	√				
	氨水法	冷备用、封存	锅炉、高低给水系统	有配药、加药系统			√	√	√	
	充氮法	冷备用、封存	锅炉、高低给水系统	配置充氮系统，氮气纯度应符合附录要求，系统有一定严密性		√	√	√	√	
	通蒸汽加热循环法	热备用	除氧器	维持水温高于105℃	√	√	√	√		
	循环水运行法	备用	凝汽器水侧	维持水侧一台循环水泵运行	√	√				

表 10—9

各种防锈蚀方法监督项目和控制标准

防锈蚀方法	监督项目	控制标准	监测方法或仪器	取样部位	其 他	记录
热泵放水余热烘干法	相对湿度	<70%或不大于环境相对湿度	干湿球温度计法、相对湿度计	空气门疏水门放水门	烘干过程每1h测定1次、停（备）用期间每周1次	
负压余热烘干法	相对湿度					
邻炉热风烘干法	相对湿度					
干风干燥法	相对湿度	<50%	相对湿度计	排气门	干燥过程每1h测定1次、停（备）用期间每48h测定一次	
热风吹干法	相对湿度	不大于环境相对湿度	干湿球温度计法、相对湿度计	排气门	干燥过程每1h测定1次、停（备）用期间每周1次	
氨碱化烘干法	pH		《工业循环冷却水及锅炉用水中pH的测定》（GB/T 6904—2008）	水汽取样	停炉期间每1h测定1次	
充氮覆盖法	压力；氮气纯度	0.03～0.05MPa；>98%	气相色谱仪或量氧仪	空气门、疏水门、放水门、取样门	充氮过程中每1h记录1次氨压，充氮结束测定排气氨气纯度，停（备）用期间每班记录1次	
充氮密封法	压力；氮气纯度	0.01～0.03MPa；>98%				
氨水法	氨含量	500～700mg/L	《锅炉用水和冷却水分析方法 氨的测定 苯酚法》（GB/T 12146—2005）	水汽取样	充氨液时每2h测定1次、保护期间每天分析1次	
蒸汽压力法	压力	>0.5MPa	压力表	锅炉出口	每班记录1次	
给水压力法	压力；pH、溶解氧、氢电导率	0.5～1.0MPa；满足运行pH、溶解氧、氢电导率要求	压力表、GB/T 6904—2008、《锅炉用水和冷却水分析方法 联氨的测定》（GB/T 6906—2006）	水汽取样	每班记录1次压力，分析1次pH、溶解氧、氢电导率	

第七节 煤粉锅炉配煤掺烧专项技术措施

一、总则

（1）配煤掺烧技术可有效防治锅炉"四管"发生因受热面严重结渣和沾污、高温腐蚀、低温腐蚀、超温等引起的泄漏，但同时也对制粉系统安全性和锅炉的环保和经济性指标产生影响；掺烧硫分、灰分较高的经济煤种，同样也对锅炉的安全和环保性能产生影响。因此，掺配煤质和比例的确定、相应的运行和检修技术措施、煤场存储等必须统筹考虑。

（2）根据掺配煤质与设计煤质的自燃、爆炸及受热面腐蚀、结渣特性的差异性分析和设备性能，通过掺配煤质和掺配比例选择、优化掺烧方式及运行控制等措施，防止发生锅炉灭火、严重结渣、受热面泄漏、煤场自燃及制粉系统爆破等不安全事件。

（3）根据掺配煤质与设计煤种的热值、挥发分、硫分、灰分等差异性分析和设备性能，通过掺配煤质和掺配比例选择、优化掺烧方式及运行控制等措施，防止发生烟尘、SO_2、NO_x排放浓度超标现象。

（4）根据掺烧工况锅炉出力、最低稳燃负荷、效率、蒸汽温度、减温水量、厂用电率、脱硝还原剂和石灰石耗量、煤场损耗、调峰收益、CO_2排放引起的碳税或碳交易成本等机组经济性指标和检修成本的全面统计分析，全面评价配煤掺烧经济性。

（5）对于未燃用过的煤质，应依据锅炉性能试验规程和相关试验标准，进行掺烧试验。寻找经济合理的配煤掺烧方案，精准指导运行操作，确保机组安全、环保、经济运行，实现全厂效益最大化。

（6）进行配煤掺烧的发电厂应成立掺烧工作领导小组，确定相关部门职责，编制针对本厂设备性能的配煤掺烧实施细则，建立集精准采购、精细混配、科学掺烧协同管理一体化燃料管控体系，全面指导掺配煤质选择、掺烧试验方案制定及实施、运行及检修优化、掺烧效果评价等各项专业技术管理工作。

（7）掺烧经济煤种仍应满足涉网"两个细则考核""调峰考核"要求；机组启停和试验、迎峰度夏、冬季供热、重大政治保电等特殊情况，应执行安全性更高的配煤掺烧方案。

（8）应根据掺烧煤种煤质特点和掺烧效果，不断修订完善防治"四管"泄漏的专项技术措施。至少应包括防止锅炉受热面超温技术措施、锅炉吹灰优化技术措施、防治锅炉受热面烟气侧高温腐蚀技术措施、防治超（超）临界锅炉受热面蒸汽氧化腐蚀技术措施等。

二、掺烧煤质及比例

（1）掺烧入厂煤类别和煤质数据化验方法应符合《商品煤质量 发电煤粉锅炉用煤》（GB/T 7562—2018）的要求。

（2）设计燃用无烟煤的锅炉宜采用无烟煤、贫煤作为掺烧煤，也可掺烧部分烟煤，不宜以褐煤作为掺烧煤；设计燃用贫煤的锅炉宜采用贫煤、无烟煤、烟煤作为掺烧煤，不宜以褐煤作为掺烧煤；设计燃用烟煤的锅炉宜采用烟煤、贫煤、褐煤作为掺烧煤，不宜以无烟煤作为掺烧煤；设计燃用褐煤的锅炉宜采用褐煤、烟煤作为掺烧煤，不宜以无烟煤、贫煤作为掺烧煤。

（3）应根据煤质、设计参数、锅炉和煤场掺混条件确定不同煤的掺烧比例。

（4）不易结渣煤种的灰渣比按照 8:2 计算，易结渣煤种的灰渣比按照 7:3 计算。入炉煤质灰分不应使除灰、除渣系统超出力运行，同时除尘系统应满足环保排放要求。

（5）进行脱硫系统性能计算，入炉煤质硫分应满足机组全负荷工况环保排放要求。

（6）若入炉煤挥发分、灰分、水分、热值、灰软化温度不满足表 10–10 的要求，则应通过掺烧试验确定各煤种掺烧比例。

表 10–10　　　　　　　　　　　　　　煤质允许变化范围

煤种	V 偏差 (%)	A 偏差 (%)	M 偏差 (%)	Q 偏差 (%)	ST 偏差 (%)
无烟煤	−1	±4	±3	/	/
贫煤	−2	±5	+3	/	/
低挥发分烟煤	±5	±5	±4	±10	−8
高挥发分烟煤	±5	+5 ~ −10	+8 ~ −4	/	/
褐煤	/	±5	+5	±5	/

注　挥发分、灰分、水分为与设计值的绝对值偏差；发热量、ST 为与设计值的相对偏差值。

（7）入炉煤质的灰熔点不宜采用各单一煤质灰熔点按掺烧比例加权的平均值，应采用实验室实测值。灰软化温度 $ST \geqslant \theta_c + 150℃$（$\theta_c$ 设计炉膛出口烟温）；灰熔融温度 $FT \geqslant \theta_p - 100℃$（$\theta_p$ 为设计屏底烟温）。

（8）入炉煤的煤灰中碱金属综合含量（K_2O 含量按照 0.66 倍折算）≤ 3%。

（9）对于设计燃用不易结渣烟煤的锅炉，燃用神混系列烟煤时，应至少掺烧 20% 的准混或石炭系列烟煤。

（10）入炉煤质可磨性指数 HGI 和水分应使制粉系统出力满足带负荷要求，按《火力发电厂制粉系统设计计算技术规定》（DL/T 5145—2012）计算。

（11）满负荷工况入炉煤量所要求的一次风量和风压应满足一次风机失速裕度的要求。

（12）满负荷工况烟气量和烟气侧阻力应满足引风机失速裕度的要求。

三、掺烧方式

（1）掺烧方式包括间断掺烧、预混掺烧和分磨掺烧。

（2）间断掺烧方式可达到降低炉膛结渣的目的。若单烧某一煤种一段时间造成比较严重的结渣，可改烧一段时间其他不易结渣煤种，或与其他不易结渣煤种的混煤，待炉膛结渣缓解后再切换回原单烧煤种。应根据炉内结渣情况控制各煤种燃用时间。这种掺烧方式应注意以下问题：不宜长期高负荷燃烧结渣煤；煤种切换过程中应采取措施，防止由于燃烧温度场和煤灰化学成分的变化引起掉焦或结渣加重等现象。

（3）炉外预混掺烧方式可在上煤过程中通过调整不同筒仓下给煤机转速或煤场取料机速度控制掺烧比例，也可在煤场储存过程中采取分堆组合堆放、对称分层堆放、不对称分层堆放等不同存储方式通过横断面取煤控制掺烧比例。混煤条件不好时，不宜采用炉外预混实现精准掺烧。

（4）分磨掺烧方式适用于采用直吹式制粉系统的锅炉。分磨掺烧中，不同入厂煤由对应不同层燃烧器的磨煤机磨制，使煤在炉内燃烧过程中混合（可随时根据负荷等调节比例），应通过燃烧试验确定不同层燃烧器及其对应的磨煤机适合的煤种。

（5）应根据掺烧煤质特点选择掺烧方式，煤质特性对掺烧方式的适应性见表10-11。

表 10-11 入厂煤煤质特性对掺烧方式的适应性

入厂煤差异	间断掺烧	预混掺烧	分磨掺烧
挥发分、发热量、灰软化温度相近	√√	√√	√√
挥发分跨等级（或差异绝对值大于15%）	×	√	√√
发热量差异超10%	×	√	√√
灰软化温度差异大，其中有低灰软化温度煤	√	√√	√
掺烧易爆炸煤和流动性差的煤	×	√√	—
掺烧高水分煤	—	√	
可磨性相差大	×	√√	√√

注 √√表示适应性好；√表示基本适应；×表示适应性差；—表示不推荐。

（6）采用中速磨燃用褐煤，若全水分超过35%，应采用预混掺烧方式将其全水分控制在35%以下。入炉混煤水分应满足制粉系统干燥能力的要求，按 DL/T 5145—2012 计算。

（7）单一煤质硫分较高使水冷壁近壁烟气 H_2S 浓度超过 200ppm 时，宜通过预混掺烧方式加以控制或应采取其他防腐措施。

（8）煤灰冲刷磨损指数 $k_e \geqslant 5$ 的单一煤质，中速磨煤机应采用预混方式；煤灰冲刷磨损指数 $k_e \geqslant 3.5$ 的单一煤质，风扇磨煤机应采用预混方式。

（9）煤灰中碱金属综合含量（K_2O 含量按照 0.66 倍折算）$\geqslant 5\%$ 的单一煤质，应采用预混掺烧方式。

（10）对于掺烧神混系列烟煤的锅炉，分磨掺烧可有效避免屏式受热面严重结渣，煤场预混掺烧不仅还可有效避免水冷壁严重结渣，而且对于双进双出钢球磨直吹式制粉系统可有效降低爆炸风险。

（11）流动性较差的煤质，可采用与流动性较好的煤质采用煤场预混的配煤方式避免蓬煤、断煤、堵煤等引起的磨煤机跳闸。

四、煤场存储

（1）煤场管理部门应按照掺烧方案，组织开展来煤接卸、储存、掺配工作。

（2）燃煤储存严格遵守"先进先出、取旧存新、烧热存冷"原则，尽可能缩短存储周期和降低存煤温度，提高煤场周转率，防止煤场存煤高温自燃，降低煤场损耗，减少热值损失，燃煤库存宜预留煤场总量15%～20%的置换空间。

（3）应根据不同掺烧方式确定煤场存储方案，实现煤场合理堆放与燃料调配，优先燃用易燃煤种。对于高挥发分的烟煤、褐煤，应控制储量以留有翻堆的位置，褐煤堆与两侧挡煤墙及斗轮机栈桥之间保持3m以上距离。湿煤泥外水较高、黏结性强，不宜直接掺配，应单独堆放，经晾晒后达到烘干泥煤标准才能掺配。新煤种到厂后也应单独存放。

（4）煤堆应压实、定期测温，发现煤堆有超过60℃的高温点及时用装载车进行翻堆，将高温点挖出降温，再用推煤机进行压实处理，不宜采用大量喷水方式降温。

（5）神华神混煤的储存期不宜超过45天，神华准混煤和石炭煤的储存期不宜超过60天，褐煤储存期不宜超过30天，煤堆底部和边角存煤要清除彻底。

（6）应加强入厂煤与入炉煤质监督，建立完善的煤场管理及混煤工作制度并认真执行。

（7）在条形煤场存储流动性较差的煤质时，应及时苫盖避免淋雨。

（8）加强煤场及输煤系统的管理，防止磨煤机进入过火煤、"三块"（石块、铁块、木块）及杂物。

（9）输煤皮带停运前，要走空皮带，及时清理皮带和地面上的积煤，并检查确定皮带、落煤筒无存煤。

（10）优化煤场掺配方式，提高掺配比例精准性。

（11）数字化煤场实时展示库存煤分类堆存和数量、质量、价格信息，为掺烧管理提供数据支撑。

五、运行要求

（1）运行部门每天及时与调度沟通了解次日及近期的负荷情况，并预测负荷曲线，为配煤掺烧方案的制定提供负荷数据；燃料采购部门积极开展拟采购煤种的调研工作，为配煤掺烧方案的制定提供煤质数据；配煤掺烧领导小组根据预测负荷曲线，综合考虑气候、季节、供热等因素，在满足安全、环保和"两个细则"（《发电厂并网运行管理实施细则》《并网发电厂辅助服务管理实施细则》）要求的前提下，依据综合成本最优的原则制定配煤掺烧方案和提出煤炭采购要求。

（2）拟燃用煤质与设计煤种偏差较大时，或需燃用多种煤质时，应通过掺烧试验验证掺烧比例和掺烧方式的合理性。计划掺烧比例较大时，应逐步增加掺烧比例，达到最佳比例后应在锅炉额定负荷和部分负荷下经过168h试验。

（3）掺烧试验应包括掺烧方式和掺烧比例的优化、制粉系统调整、燃烧调整、吹灰优化等内容，评估炉内结渣、受热面超温、高温腐蚀、低温腐蚀、燃烧失稳等风险，测试锅炉效率、蒸汽温度、减温水量、石灰石和脱硝还原剂耗量等经济性指标，保证锅炉最大出力、最低稳燃、环保排放、升降负荷速率等性能满足运行要求，从而确定最佳掺烧方案。

（4）锅炉运行过程中，应加强燃煤的监督管理，及时将煤质情况通知运行人员，严格执行锅炉燃煤掺烧方案。对于运行中发现的问题，应及时沟通和反馈，以便进一步优化配煤方案和改进调整措施。

（5）应建立入炉煤配煤掺烧台账，详细记录每日各磨组上煤情况及锅炉各主要参数变化情况，为日后煤质选择、合理掺配提供有效依据。

（6）定期监测水冷壁贴壁气氛，避免发生高温腐蚀。CO 浓度宜不高于 30000ppm、H_2S 浓度宜不高于 200ppm。$S_{ar} < 1\%$ 且煤质稳定的，每年至少 1 次；煤质偏离设计煤种且 $S_{ar} > 1\%$ 时，应及时开展测量。锅炉采用主燃区过量空气系数低于 1.0 的低氮燃烧技术时，CEMS 系统还应加装 CO 在线测量模块，在线监测 CO 含量。也可根据经验，通过监视脱硫系统原烟气 SO_2 浓度的方式判断入炉煤含硫量是否超标。

（7）分磨掺烧方式掺烧位置的选择对锅炉运行有较大影响，其影响范围和程度视锅炉不同而有所不同 , 应通过试验确定。

（8）磨煤机出口风温的选择应按煤质挥发分进行控制，风温控制值计算方法参见《电站磨煤机及制粉系统选型导则》(DL/T 466—2017)。对于磨制神混系列烟煤的双进双出钢球磨煤机，还宜将入口风温控制在 260℃左右，出口风温控制在 65℃左右。

（9）掺烧极易着火煤种，启停磨煤机时，磨煤机进口一次风温应控制在 200℃以下。各负荷工况下一次风管风速均应大于 19m/s，避免出现堵管、自燃等现象。

（10）加强燃烧调整，根据炉膛温度、贴壁烟气 H_2S 浓度，飞灰和大渣含碳量、NO_x 生成浓度、排烟温度、一次风着火距离或燃烧器壁温变化对一次风量、主燃区二次风量、分离燃尽风量、炉膛氧量、煤粉细度、旋流强度等参数进行优化控制。

（11）加强锅炉本体巡检，检查锅炉结渣和燃烧器着火情况，确保火焰检测装置能正确反映炉内燃烧状况，发现异常应及时调整，必要时降低掺烧比例、机组负荷或更换煤种。

（12）开展吹灰优化调整试验，根据各级受热面温升和热偏差情况，增加重点部位的吹灰频次。燃用易结渣煤种时，还应在吹灰前后对屏底烟温和燃用易结渣煤种喷口所在的水冷壁区域烟温、吹灰时的渣量变化进行监测，确保吹灰后主燃烧器区域烟温和屏底烟温明显降低。燃用高灰分煤种时，应加强吹灰频次，并在 70% 额定负荷以上吹灰，避免塌灰灭火。

（13）对冷灰斗斜坡角度小于或等于 50° 的锅炉，最下层燃烧器不宜燃用易结渣煤。

（14）掺烧难燃煤种，宜适当降低风煤比、提高旋流强度；掺烧易燃煤种，宜适当提高风煤比、降低旋流强度。掺烧各煤种的干燥无灰基挥发分 V_{daf} 相差较大时，预混掺烧方式下煤粉细度宜按干燥无灰基挥发分 V_{daf} 较低的烟煤选取，分磨掺烧方式下则煤粉细度可以分别按不同煤种的干燥无灰基挥发分 V_{daf} 选取，并根据实际燃烧效果对煤粉细度进行调整。

（15）根据煤质和负荷变化合理调整燃烧，防止火焰中心出现严重偏斜、刷壁现象，降低受热面热偏差和避免主、再热汽温超限；汽温自动调节系统应正常投用、调节品质良好，避免汽温大幅波动。采暖供热期间，应结合煤质、燃烧、热负荷等情况，每半个月对受热面壁温情况进行全面检查，分析超温情况并形成书面分析报告。

（16）加强对石子煤量变化的监测，对采取人工排放石子煤的磨煤机要定期对石子煤斗的料位进行检查，及时排放；正常运行中当石子煤量较少时也要定期排放，以防止石子煤自燃；检查石子煤斗和磨煤机传动盘下架密封是否有火星出现，并定期测量一次风管、可调缩孔、分离器、膨胀节、原煤仓等处温度，评估爆破风险，采取相应措施。

（17）按掺烧试验优化调整结果制定输煤系统、制粉系统和除灰渣、输灰渣系统安全、经济运行方案。

（18）对输煤系统进行运行优化，避免燃煤转运流程不合理、二次倒运作业量大等因素造成的输煤电耗增加。

（19）针对掺烧煤质特点，完善防止炉膛灭火、爆燃和尾部二次燃烧的反事故措施。

（20）掺烧流动性较差的煤质时，加强磨煤机电流、一次风量、差压、出口风压等的监视，应做好因蓬煤、断煤、堵煤等引起磨煤机跳闸的处理预案，及时稳定燃烧、稳定运行参数，避免不安全事件发生。

（21）依据掺烧煤质特点及时完善磨组定期切换制度，合理分配各制粉系统的出力及运行、备用时间。对于大同、平朔烟煤和神华准混、外购石炭烟煤，停炉时间超过 15 天，宜烧空煤仓，备用制粉系统不宜停运超过 3 天，运行时间不少于 2h；对于神混系列烟煤等高挥发分烟煤，停炉时间超过 7 天，宜烧空煤仓，备用制粉系统不宜停运超过 2 天，运行时间不少于 2h。如果备用磨出口温度上升至 80℃，采用投入惰化蒸汽无效后，投入消防水，待温度下降后，投盘车通风。

（22）燃用高挥发分煤种，可在启停制粉系统时发出声光报警，并宜投入惰化蒸汽至少 5min，双进双出钢球磨再适当延长，给煤机清扫链宜与给煤机同步启动。

（23）制定制粉系统突发故障停运的安全技术措施，防止存煤（粉）自燃、爆炸。发生制粉系统爆炸或磨内着火时，应将磨内存煤人工清理干净后才可再次启动。

（24）当发生给煤机落煤管、原煤斗下煤不畅时，及时调整磨煤机冷、热一次风挡板，控制磨煤机风量，降低磨煤机出口温度至 60℃以下，同时投入振打装置或者手动敲打并采取助燃措施。当发生给煤机落煤管、原煤斗堵塞时，立即停止磨煤机运行，投入磨煤机惰化蒸汽。配置双进双出钢球磨的制粉系统，若单侧给煤机落煤管或原煤斗堵塞时，立即停止该侧给煤机运行，密切监视磨煤机出口温度，当发现温度异常升高时，立即停止磨煤机运行，并投入惰化蒸汽，待停止磨煤机主马达 5min 后停止惰化蒸汽。

（25）运行中发现制粉系统热风隔绝门关不严、落渣门漏风等情况时应停止上神混煤、更换煤种，同时通知检修人员尽快处理。

（26）通过掺烧方式优化、掺烧比例控制和燃烧调整，降低 SCR 装置入口 NO_x 浓度，在满足环保要求的同时，避免脱硝效率长期超过设计值。

（27）当锅炉燃烧的煤质（主要是硫分和水分）发生较大变化时，应及时与空预器厂家联系重新计算冷端综合温度，按新的温度进行控制，必要时投入暖风器或热风再循环系统。

（28）掺烧高硫煤时，应密切监视空预器差压，加强吹灰，及时投入暖风器或热风再循环，避免差压超过设计值的 1.1 倍。

（29）掺烧褐煤的配置中速磨直吹式制粉系统的设计燃用烟煤的锅炉，可开展燃用褐煤的节油启动试验，降低初始燃烧率，便于启动阶段控制受热面温度变化速率。

（30）应关注掺烧后煤灰比电阻变化对除尘效率的影响。对灰分或水分较大煤种，应提高振打、电加热和输送系统出力，防止电除尘灰斗、除灰系统仓泵及输灰管道堵灰。

（31）掺烧高灰分煤种应确保灰斗除灰装置连续运行，防止灰斗严重积灰、发生垮塌事故。

（32）加强除渣系统巡检和运行状况监测，发现异常应及时处理。

六、检修要求

（1）对锅炉水冷壁管壁高温腐蚀趋势的检查工作，必要时采取防治高温腐蚀的措施。燃用高硫煤的锅炉，可采取优化锅炉燃烧器布置形式和炉膛假想切圆直径、贴壁风防腐、水冷壁喷涂等技术措施。

（2）掺烧高灰分煤质的锅炉，应重点做好低温过热器、低温再热器、空气预热器密封元件、壳体、烟道支撑等的冲刷、磨损检查，并检查烟道的积灰情况。

（3）检查锅炉冷灰斗斜坡的磨损、腐蚀、砸伤情况。

（4）消除燃烧器严重磨损、烧损、变形等缺陷，清理燃烧器周围结渣。必要时加装燃烧器壁温测点指导燃烧调整，升级燃烧器金属材质或采用 SiC 材料制作的耐磨损、耐烧损部件。

（5）消除风门挡板、执行机构卡涩、实际开度与指示开度偏差大等缺陷。

（6）定期检查吹灰设备及其附近受热面，避免造成受热面吹损。

（7）长期分磨掺烧流动性较差的煤质，可采用虾米曲线原煤仓、旋转煤斗等防堵设备。

（8）分磨掺烧高挥发分煤种，宜在磨煤机入口一次风道上加装自启闭式防爆门，并将排放烟气引至安全地点，该制粉系统应安装启停报警装置，警示附近的工作人员远离设备，保护人身安全。

（9）检修中检查、消除制粉系统的积粉点，掺烧高挥发分的煤种应结合磨煤机定检，定期检查磨煤机一次风室内有无石子煤堆积情况，若有应查明原因消除，必要时可针对积存煤位置增设消防蒸汽喷嘴。

（10）定期检查磨煤机出口粉管、弯头、膨胀节等处的磨损，磨损严重的及时进行修复，防止漏粉。磨损减薄的漏粉点不能采用贴补方式修复，宜采用挖补或整体更换方式。

（11）消除煤粉分配器、可调锁孔的卡涩、失能性磨损，保持可调可用。

（12）根据制粉系统的实际情况采用先进的防磨材料和工艺，提高系统抗磨损能力。

（13）受热面壁温测点布置应满足锅炉受热面高温蒸汽氧化腐蚀治理专项技术措施附录的要求。

（14）炉膛主燃烧器区域和还原区均应布置水冷壁贴壁气氛测点。对丁已发现水冷壁高温腐蚀的锅炉，测点应布置在被腐蚀区域。旋流对冲燃烧锅炉的测点宜布置在两侧水冷壁中部位置，切向燃烧方式锅炉的测点宜避开大风箱，布置在水冷壁中部位置。同层相邻测点之间间距不小于 1m，不同层相邻测点之间间距不小于 0.5m。CO、O_2 浓度的测量可采用电化学法分析仪，H_2S 浓度的测量宜采用紫外吸收法分析仪或气相色谱法分析仪。

（15）掺烧高灰分煤种的锅炉，应加强脱硝催化剂磨损情况的检查。催化剂的类型应优先选取耐磨性较强的板式催化剂或大孔蜂窝式催化剂，并应增设减轻催化剂磨损的措施。高飞灰工况下，选用蜂窝催化剂要注意孔数、截距及壁厚的选择。飞灰浓度越高，选用催化剂的孔数越少，节距和壁厚越大。

（16）对于煤质含硫量较高的机组，宜优先选择 SO_2/SO_3 转化率较低的催化剂。

（17）对燃用高灰分煤质，且催化剂表面积灰严重的机组，宜优先选择蒸汽吹灰方式。对煤质灰分变化较大，且负荷率较低的机组，宜选择声波吹灰与蒸汽联用吹灰方式。

（18）空气预热器烟风侧差压不大于设计值的 1.5 倍，且采用蒸汽吹灰连续清灰后下降不明显，宜采用高压水在线冲洗技术降低空气预热器压差。

（19）空气预热器烟气侧差压大于 1.5 倍的设计值，且采用蒸汽吹灰和在线水冲洗后下降不明显，仍有上升趋势，宜停机对空气预热器换热元件进行清洗。停运后，可利用空气预热器系统配套的水冲洗装置或移动式高压水冲洗装置对换热元件进行离线冲洗。

七、掺烧评价

（1）锅炉效率应按照《电站锅炉性能试验规程》（GB/T 10184—2015）的要求采集数据和计算。

（2）水冷壁近壁烟气成分测点布置和测试方法应符合集团公司相关要求。

（3）蒸汽温度、减温水量、厂用电率、污染物排放浓度宜采用 DCS 数据进行统计。

（4）煤质工业分析、飞灰和大渣含碳量可由电厂自行分析。

（5）不具备煤质元素分析、灰成分分析、灰熔点分析设备的电厂，应按照相关标准采样后送有资质单位进行分析。

（6）每次检修均应对受热面腐蚀、胀粗、磨损、吹损等情况进行检查，分析煤质原因，评价掺烧安全性。

（7）掺烧试验完成后，掺烧优化方案及掺烧评价报告应经掺烧领导小组审批后存档管理。通过多煤种掺烧试验，逐步建立各机组适应不同煤种的炉煤耦合数据库，便于根据各机组煤质、煤量与负荷、经济和环保指标的对应关系，确定机组安全稳定运行的配煤掺烧煤质指标。

第八节　锅炉燃烧调整试验

一、强制类锅炉燃烧调整试验

1. 新机组投产锅炉燃烧调整试验

试验项目：燃烧器冷态调试检查、所有风量标定、空气动力场试验（基建）、制粉系统调整试验、燃烧调整试验、低负荷稳燃试验、RB（快速减负荷）试验、锅炉最大出力试验。

试验目标：各项指标参数达到设计参数值。

2. 机组 A 级检修后锅炉燃烧调整试验

试验项目：燃烧器冷态调试检查、制粉系统调试、部分燃烧调整试验、低负荷稳燃试验、RB 试验等。

试验目标：各项指标参数达到设计参数值。

3. 机组 C 级检修后锅炉燃烧优化调整试验

试验项目：燃烧器冷态调试检查、一次风调平、部分制粉系统调整试验、部分燃烧调整试验。

试验目标：各项指标参数达到设计参数值。

4. 锅炉燃烧器改造后燃烧调整试验

试验项目：燃烧器冷态调试检查、空气动力场试验、部分制粉系统调整试验、燃烧调整试验、低负荷稳燃试验、锅炉最大出力试验。

试验目标：各项指标参数达到设计参数值。

5. 煤种改变后燃烧调整试验

试验项目：部分燃烧调整试验、低负荷稳燃试验。

试验目标：各项指标参数达到设计参数值。

二、专项类锅炉燃烧优化调整试验

（1）排烟温度异常升高，锅炉效率低于设计值水平。

试验项目：部分制粉系统调整试验、部分燃烧调整试验。

试验目标：各项指标参数达到设计参数值。

（2）减温水量异常偏大，其他参数处于设计值时。

必要性评估：当减温水量异常偏大，评估需进行燃烧优化调整试验。

试验项目：部分燃烧调整试验、部分制粉系统调整试验。

试验目标：减温水总量低于设计值的 1.15 倍。

（3）锅炉飞灰、大渣可燃物非正常升高。

试验项目：部分制粉系统调整试验、分布燃烧调整试验。

试验目标：锅炉飞灰、大渣可燃物小于等于设计值。

（4）锅炉高温受热面发生高温腐蚀。

试验项目：燃烧器冷态调试检查、必要时进行空气动力场试验、部分燃烧调整试验、部分制粉系统调整试验。

试验目标：水冷壁贴壁区域 H_2S 浓度值不大于 200ppm，锅炉排烟温度高于烟气露点温度 10 ~ 15℃。

（5）锅炉一次风机、送风机、引风机单耗异常升高时。

试验项目：锅炉氧量标定和风量标定试验，部分燃烧调整试验。

试验目标：锅炉一次风机、送风机、引风机单耗小于等于设计值。

三、锅炉燃烧调整试验项目

1. 燃烧器冷态调试检查试验

试验项目：检查燃烧器的安装质量、风门挡板及燃烧器摆角动作情况、相关保护逻辑、仪表投入检查。

2. 空气动力场试验

试验项目：燃烧器喷口一、二次风速测量，切圆测量试验，贴壁风速测量，烟花示踪试验。

3. 制粉系统调整试验

试验项目：磨煤机入口一次风量热态标定、磨煤机出口一次风速热态调平、粉管煤粉量及偏差测量、磨煤机分离器挡板特性试验、磨煤机变动态分离器转速试验、磨煤机风量调整及出力特性试验；制粉系统其他试验，主要有磨煤机变加载试验、磨煤机最大出力试验、微油点火或等离子点火对应磨煤机最小出力试验。

4. 燃烧调整试验

（1）辅助试验。空气预热器进、出口氧量标定；空气预热器进、出口烟温标定；空气预热器漏风率试验。

（2）燃烧调整试验。主要包括运行氧量优化试验、风箱 – 炉膛差压、二次风门、SOFA 配风方式优化试验、变磨煤机出口温度试验、变煤粉细度试验、燃烧器摆角特性试验、燃尽风 SOFA 摆角试验（包括 SOFA 上下、水平摆角试验、旋流 SOFA 旋流试验）、变磨组合试验、水冷壁烟气还原性气氛测试。

（3）变负荷特性优化试验。变负荷特性试验，观察锅炉的动态特性。包括：$1\%P_e$/min、$1.5\%P_e$/min、$2\% P_e$/min 变化速率的变负荷试验。分析变负荷过程中汽温、汽压及 NO_x 变化情况。

第九节 锅炉受热面洁净化施工管理措施

（1）为了加强锅炉受热面检修洁净化施工管理，防止施工过程中异物进入受热面管内造成堵塞，影响锅炉的安全稳定运行，特制订本管理要求。

（2）本管理要求适用于国家能源集团下属单位燃煤火力发电机组锅炉设备系统水冷壁、省煤器、过热器、再热器、联箱及附属管子（以下简称受热面）的洁净化施工管理。

（3）各发电公司应严格按照《国家能源投资集团有限责任公司火电机组洁净化安装管理标准》（国家能源办〔2019〕143号）要求，制定锅炉机组洁净化安装管理实施细则，明确各有关单位职责，严格对设备及材料的运输和储存、安装环境、安装工艺、检查和检验等环节进行洁净化控制，消除锅炉受热面系统检修安装杂质和污染物，切实提高检修安装质量。

（4）检修项目开工前承包商应根据发电公司的锅炉机组洁净化安装管理实施细则，针对检修锅炉受热面设备安装图纸和结构特点，编制洁净化安装措施和质量控制计划（设置洁净化质量控制点），纳入施工组织设计中，上报发电公司审核、批准后实施。

（5）受热面设备、材料到达现场后，代保管单位需根据供货清单、装箱单和图纸全面清点，注意检查表面有无裂纹、撞伤、龟裂、压扁、砂眼和分层等缺陷。对设备、材料和部件的防锈蚀涂层以及管端、孔口密封等状况进行验收，吊装、倒运过程中也应保持封盖完好。锅炉受热面散管、管排、集（联）箱、联通管等裸件的堆放及组合场地应保持清洁。

（6）受热面设备安装前应对内外部洁净情况进行检查、清理，集（联）箱应进行内部吹扫并检查清理，设置有节流装置的应采用内窥镜检查，检查孔和接管座在封闭焊接前应再次检查无堵塞；管道及阀门安装前应彻底检查清除铁屑、氧化铁、焊渣、油垢、灰尘等杂物。

（7）受热面设备的外观检查、通球、吹扫、封堵、内窥镜等检查都应建立表单并签字确认，做到上一工序对下一工序负责，下一工序对上一工序检查验收的可追溯机制。

（8）受热面施工区域应保持清洁，及时清除杂物，焊条头、焊丝等必须及时回收，施工过程中产生的垃圾应日清日洁，同时要保持足够的照明亮度。

（9）锅炉受热面管（排）切割洁净化管控主要包括以下内容。

1）应优先采用机械方式切割，鳍片切割时，应注意检查是否损伤临近的管子和进入异物。

2）切割垂直管（排）时应先切割下口，做好防止进异物的措施后再切割上口。

3）受热面管（排）切开后应及时用卫生纸或干净的白布堵住管口，并用管堵或其他方式对管口进行可靠封堵，并防止脱落或移位，贴好封条、每天专人负责进行检查。

4）开门向上的垂直管（排）坡口车削前，应先检查管内卫生纸或白布有无脱落，受热面管车削后应用磁棒及时清理管内卫生纸上的铁屑。采用角磨机、电磨头打磨好坡口后，及时清除管口内杂物，原卫生纸必须取出更换为新的卫生纸或白布，重新进行封堵。

5）施工过程中使用的电磨头等易落入管内的物品，应进行领用和回收登记。

（10）受热面管（排）在安装时洁净化检查主要包括以下内容。

1）应严格按照工艺要求逐排、逐根进行检查。

2）及时清除铁屑、氧化铁、焊渣、油垢、灰尘等杂物。

3）须通风吹扫的，要注意监视流量、压力的变化。

4）受热面管排在组合和安装前必须进行吹扫通球，通球应采用钢球（外径＞76mm的受热面管可采用木球），三叉管必须保证每根管子都进行了通球，球径不小于计算球径，钢球必须编号，由专人保管，建立钢球（木球）领用制度，记录每天领用球径及其编号，不得将球遗留在管内，当天工作结束后当天归还，严禁私自用小球代替大球。

5）检查、吹扫、通球合格后及时封堵，检查、通球、封堵应有专人负责监督验收。

6）吊装过程中注意检查封堵情况，对管堵脱落的管子应做好标记和记录，在后续的工序中重点进行检查。

（11）受热面管（排）焊接过程中主要管控要求包括以下内容。

1）更换新管（排）恢复焊接时，各级人员每天应检查管（排）的封堵情况，发现移位脱落的应及时恢复，做好标记，在后续的工作中重点检查。

2）受热面管焊接前若管口需要重新打磨，应按第9条4）执行。

3）焊接前由焊工认真检查，确认封条完好后方可准备开始焊接工作，如果封条掉落或被揭开，则停止焊接工作并上报负责人，对该管圈重新按第10条3）要求进行吹扫。

4）在受热面管（排）焊接最后一道（或两道）焊口前，取出卫生纸，对两侧的管路用压缩空气进行吹扫，压缩空气的压力和流量及吹扫时间应能够确保将管内杂物吹走。吹扫时有施工单位、监理单位和发电公司专责人员共同见证，并做好签证记录。发现压缩空气压力异常有堵塞可能性时应进一步分析检查。

5）管口焊接时应由专人负责将卫生纸或白布全部更换为水溶纸填充，水溶纸使用前应进行水溶性试验（包括热处理后）。水溶纸填充深度应尽量在热处理区域外部，在满足充氩条件的前提下水溶纸填充尽可能蓬松，发电公司和施工管理人员应对水溶纸填充负责人专门进行交底，并监督检查执行情况。

（12）进入封闭受限空间的人员，登记签字确认后方可进入内部工作。登记表由监护人保管，监护人要及时逐项核实进出人员登记的信息及带入受限空间内的工器具是否填写准确，填写不准确者需重新登记至各项信息准确无误后方可进入。监护人不得脱离岗位，全程监护，并及时掌握受限空间内作业人员的人数和身份，对人员和工器具进行清点、登记核对，对准确性负责。

（13）更换管子数量较多时应检查对应联箱内部的清洁情况，必要时割开联箱封头堵进行清理。

（14）锅炉水压后点火前应采用多次上水、放水的方式大流量冲洗，将含有水溶纸的炉水排放出系统。

（15）更换管子数量较多时，机组启动过程中的应通过启动旁路进行吹扫。

第十节 金属检测技术及应用介绍

一、微观组织老化测试及评价方法

传统的无损微观组织老化测试样品制取主要是现场复型金相，取样后利用扫描电子显微镜（SEM）和透射电子显微镜（TEM）可以进行更高倍数的观察分析。随着电子显微技术的发展，电子显微镜的功能越来越强大，例如安装在 SEM 上的聚焦离子束（FIB）可以在可视条件下切割微米甚至纳米尺度的目标区域，制备成可直接用于透射电子显微镜观察的试样，给材料微观组织老化机理研究提供了更有效的技术手段。采用安装在 SEM 上的电子背散射衍射（EBSD）来评价材料的蠕变和疲劳损伤已经成为研究的热点。

1. FIB 技术

FIB 技术是利用静电透镜将离子束聚焦成非常小尺寸，轰击材料表面，以实现对材料的剥离、沉积、注入、切割和改性等纳米尺度加工。FIB 技术与场发射扫描电镜（FE-SEM）结合，实现对样品的目标区域进行可视条件下的定点精准切割，可用于制备透射电镜（TEM）分析所需的超薄片样品，成功用于涂层、基体、界面研究领域。采用 FIB 技术制备喷丸的 S30432 及 HR3C 氧化层 TEM 试样，揭示了喷丸提高不锈钢抗蒸汽氧化性能的根本原因是喷丸促进 Si 和 Cr 的扩散，从而形成了 $Cr_2O_3+SiO_2$ 层。

2. 电化学技术

合金电化学极化特征与晶界的敏化特性及第二相分布密切相关。试验证明蠕变、时效损伤对镍基高温合金 CM247LC 阳极极化曲线有一定影响，并获得了电流密度与 Larson-Miller 参数的关系图。研究发现可以用电流密度峰值评价 P92 钢的老化程度。利用电化学极化测量来检测和量化 12Cr 马氏体不锈钢中的 Laves 相，与扫描电镜能谱测量的 Laves 相含量相关性很好。

双环电化学动电位再活化法是测量敏化材料晶界贫 Cr 程度的常用电化学方法，单环电化学动电位再活化法可获得 δ 铁素体对再活化峰的影响。

3. TEP 技术

金属材料的塞贝克系数取决于其成分和微观结构，对服役过程中受热和辐照导致的材料脆化敏感，因此热电势（TEP）可有效且灵敏地反映材料微观组织变化，已成功用于核电站双相钢老化评价。近年来开发出了适用于工程部件永久安装的 TEP 监测技术，有望用于部件老化的长期在线监测。研究发现通过 TEP 评估的 17-4PH 沉淀硬化马氏体不锈钢冲击韧性和实测值显示出较好的符合性。对镍基合金进行了 TEP 测试，发现沉淀强化合金 Inconel 740H 和 Haynes 282 高温时效后的 TEP 变化规律与拉伸强度变化规律符合性较好。便携式热电势无损检测装置检测结果与样品的微观组织和力学性能变化能够很好地吻合。

4. 材料老化评级标准

我国电站材料工作者对马氏体钢和不锈钢的组织老化评价方法方面国内也做了很多努力，电力行业标准《火力发电厂用10Cr9Mo1VNbN钢显微组织老化评级》（DL/T 2219—2021）已颁布实施，提出了一种基于磁化强度的TP310HCbN锅炉管材质损伤程度的检测方法，有望用于奥氏体不锈钢的老化程度检测。

二、力学性能测试和评价方法

1. 微试样拉伸试验技术

微试样拉伸试验技术是对传统标准试样按某种原则进行缩小，针对试样尺寸缩小带来的"尺寸效应"进行系统研究，最终获得与标准试验数据高度一致的试验测试方法。该技术适用于：①不能加工或者不易加工成标准拉伸试样的材料部件的性能研究；②组织结构不均匀的材料（如焊接接头不同区域的材料性能及各区域性能的梯度变化情况）的性能研究；③结构完整性要求高，不能解剖分析的部件的性能研究。

前期的研究结果表明：①微型棒状拉伸试样比微型板状拉伸试样具有更高的数据稳定性；②微型试样的机加工状态会严重地影响试验结果；③试验机的力值精度、拉伸速率精度、同轴度等均会严重影响试验结果；④常规游标卡尺式的试样尺寸测量方法远远不能满足微型试样测量要求；⑤由于试样尺寸的影响，传统的夹持方式并不完全适合微型试样的拉伸测试；⑥传统接触式引伸计测量变形的方法不能满足微型试验测试的需求；⑦高温持久蠕变试验过程中高温氧化对试验数据影响很大。

针对上述问题，近年来国内相关研究机构开展了一系列的研究工作。通过系统地开展微型试样类型、微型试样尺寸、微型试样拉伸速率以及微型试样机加工状态等对其拉伸性能影响的试验研究工作，获得了与常规标准试样试验数据高度吻合的系列试样及试验参数。开发了基于二维投影或三维扫描技术的微型试样尺寸测量设备可大幅提高微型试样的尺寸测量精度。利用激光引伸计或数字图像技术（Digital Image Correlation，DIC）三维全场应变测量系统进行室温或高温下的拉伸测试，可避免接触式引伸计与微型试样接触而导致的微型试样拉伸不同轴问题，且不仅能获得常规引伸计标距处的应变变形，也能获得微型试样工作段上的全场应变信息。

然而，由于传统拉伸试验机是针对常规大试样开发的，虽经过各种针对性改造仍然难以在力值、速率、同轴度等方面满足微型试样高精度的测量需求。另外，微型试样进行高温长时试验时（高温持久蠕变试验）虽有部分单位开展了利用惰性气体保护技术或表面涂抹高温防氧化涂料技术防止微型试样高温长时氧化研究，但在惰性气体密封、流量控制、气流对温度场均匀性的影响以及防氧化涂料的有效性上还存在着很多的难题需要攻克。因此，开发基于针对微型试样高精度要求的专用高精度拉伸试验设备，开发完善的高温长时拉伸惰性气体保护装置以及可长时有效防护微型试验高温氧化涂料是目前微型试验测试领域亟待解决的课题。

2. 仪器化压痕测试技术

仪器化压痕测试技术（Instrumented Indentation Test，IIT）是近二三十年来随着纳米材料研究发展起来的一项新的测试技术。仪器化压入试验属于宏观范围，压入试验力为2~3000N。该技术通过同步测试和记录压头压入试样过程中的载荷和位移曲线，得到材料的抗拉强度、屈服强度、弹性模量、应变硬化指数、布氏硬度和断裂韧性等材料参数，被誉为"材料力学性能探针"。

为了对在役运行的设备和构件进行寿命评估和预测，近二三十年来世界各国也开发了许多微试样测试技术，例如小冲杆法、微拉伸法、蠕变挤压法、环形试件法等。但仪器化压痕技术与这些微试样技术相比，有以下明显的优点：①设备小巧便携，能直接应用在现场进行力学性能测试；②不需要进行破坏取样，能在在役的设备上测试，也省去了取样设备和试件的加工；③可以直接在现场实现无损探测；④测定部位更加微小，可以用于材料局部特性的测定，例如测定焊缝不同区域的力学性能差异，找出性能薄弱的区域；⑤可以测定焊缝残余应力；⑥压痕法通过载荷深度曲线确定材料力学性能，不需要利用光学显微镜方法测量压痕直径，计算得到布氏硬度。

压痕测试技术用于原始材料的质量验收、出厂前产品质量验收、在役设备的性能监测、失效分析、疲劳老化和寿命评估等。该项技术也已被应用于许多工程场合中，例如电力管道、石油管道、燃气管道、大型罐体等不能破坏的大型金属材料，船舶舰艇和航空航天器，焊缝微小区域及实验室的微小材料等性能检测和安全评定。

压痕技术可实现的功能：①弹塑性性能，压痕测试技术目前主要用于材料弹塑性能的测定，例如弹性模量，屈服强度和拉伸强度；②残余应力；③断裂韧性，满足寿命评估的需要；④蠕变损伤，因为主要面向电力系统的设备构件安全评定，中期和长期的目标应该包括材料断裂韧性的测定和蠕变损伤的监测；⑤获得寿命预测所需的材料疲劳裂纹扩展 Paris 律的常数，以及蠕变裂纹扩展的 C* 积分的常数等全部材料参数。

3. 小冲杆测试技术

当前世界范围内石化、核电、航天、航空、冶金等行业的蓬勃发展，小冲杆测试法作为微试样测试技术的一种，正被海内外学者广泛关注并研究。小冲杆测试技术的原理是使用圆形压头（或钢球）以一定速度或负载冲压微小样品，并记载下从压头与试样接触直至试样断裂整个过程中，试样中心的挠度—载荷曲线。进而利用该曲线进行材料的力学性能的评定的一种实验方法。经过近40年的发展，小冲杆测试技术已经可以用来测试金属材料的多项力学性能，如屈服强度、抗拉强度、弹性模量、断裂韧性等。除此之外，无数研究者还在继续探索小冲杆试验技术对于材料蠕变强度、持久强度、寿命等方面的研究。小冲杆测试技术是为了评价在役设备、器材的材料力学性能而逐渐发展起来的。为了评价在役设备的性能，需要对在役设备进行现场取样。现场的微试样取样机的研发是当前小冲杆等微损评价技术的基础和关键。

小冲杆实验将待测试试样放于上下模之间夹紧，圆球形冲头置于试样的中心，沿着冲杆施加竖直向下的载荷。实验中逐步增大载荷，待测试样逐渐发生弯曲变形，直至破裂。实验过程中，圆形薄片试样经历弹性弯曲阶段、塑性弯曲阶段、薄膜伸张阶段、塑性失稳阶段四个阶段。小冲杆测试法的实验结果可以得到试样中心的载荷—位移关系曲线。这些参数可以用于求解材料的屈服强度，抗拉强度，断后伸长率，冲击韧性，甚至材料的断裂韧性等。

无损取样是小冲杆测试技术的核心思想。不同于传统试样测试技术，小冲杆测试技术所需要的试样样本很小，对于被取样设备的性能影响较小，使得服役设备的在线取样成为了可能。由于试样可以从在役设备上直接取下，含有设备的全部材质性能信息，其检测和评估结果也具有很高的精确性。小冲杆测试技术最大的优点就是所需试样体积小（比如 $\phi 10 \times 0.5$ mm 的圆形试样），可以极大地降低取样对于设备的损伤程度，使得在役设备取样完成后可以经过少许修补或不修补继续服役。

相较于传统的力学性能测试技术，小冲杆测试技术所需要的试样在尺寸上远小于常规试样，符合微试样测试技术的要求；与纳米压痕测试技术相比，小冲杆测试技术中使用的冲压技术可以获得材料的载荷—位移曲线，它可以与传统力学性能测试得到的应力—应变曲线，蠕变曲线等很好地相关联；与无损测试技术相比，小冲杆测试技术反映了待测设备的材料机械性能，其数据更有说服力和依据性。小冲杆测试技术的这些特点，使其在国内外研究人员中受到青睐。

4. 材料力学性能原位测试技术

原位测试技术主要是通过扫描电子显微镜或透射电子显微镜等精密放大成像设备对材料的变形损伤实时监测，进而获得工况作用下材料力学行为机理，实现对材料力学性能分析和损伤规律的研究。与传统的材料力学性能测试手段相比，它具有两大优势。第一，原位测试技术可以在微纳米的层面上对材料的损伤机理进行解释，对新材料的开发起促进作用。第二，原位测试技术是对试样材料的变形与损伤情况进行连续动态的实时监测，从而得到实时数据，为材料研制、装置的设计制造和可靠性评价提供主要基础支撑。随着显微成像技术及其相关理论的日益成熟，材料原位测试技术的研究工作取得了很大的进展。

原位测试实现方法包括显微镜原位观测、声发射设备原位观测、拉曼光谱仪等。通常研究人员可结合电子显微镜（SEM）、扫描探针显微镜（SPM）、X—射线衍射（XRD）、核磁共振（NMR）、透射电镜（TEM）、电荷耦合设备（CCD）和金相组织显微镜等多种成像设备实现原位测试。原位测试设备与材料试验机的有效结合，使得材料微观结构及变形损伤，或者断裂程度在不同工况条件下真实并且连续呈现。

5. 复合载荷力学性能测试技术

目前，国内外均投入了大量的人力、物力开展了针对复合载荷力学性能测试技术的相关研究和开发，先后推出了高性能的复合载荷试验机。国内针对薄膜材料和各向异性的材料，一些技术较为成熟的复合载荷试验机先后面世，在科学研究与实际生产中起到了积极的作用。

6. 光测技术

从最初采用非接触式视频技术跟踪标距的变形，发展到在二维平面内精确测定不同变形路径下的主应变和次应变分布，再到基于 DIC 原理的三维全场应变与位移测量，光测力学技术在力学试验的各个分支，如单轴 / 双轴拉伸试验、冲压成型试验、疲劳断裂试验等。

通过标定的量值溯源手段，将图像上相关像素区域的改变，与被测试样所发生的位面变形、位置变化等关联，进而通过分析图像就能测量出试样所发生的应变与位移值。由于电荷耦合器件（CCD）的矩阵式成像原理，单镜头光测系统仅能测量一组二维平面的变形信息，如果要得到实空间应变信息，需从不同位置对固定试样进行拍摄，通过对图像的拼接组装，还原出试样的三维信息；而双镜头或更多镜头构成的光测系统则可实现对全场三维应变信息的实时测量。

二维光测技术早期用于没有或无需考虑 Z 向变形的力学试验，且测量方式较为单一，即通过视频摄录试样上参考点的位置变化，计算得到应变值。非接触式视频引伸计即是成功的应用案例。

目前，商业化配置的视频引伸计通常都能在 100 ~ 200mm 的测量范围内实现对 0.002% ~ 500% 的应变测量，精度可达到 1μm，相当于或优于《金属材料 拉伸试验 第 1 部分 : 室温试验方法》（GB/T 228.1—2021）等标准所规定的静态拉伸试验所要求的 1 级引伸计的精度。散斑技术是数字图像相关技术的一种实现方式，它将物体表面随机分布的散斑作为变形信息的载体，可用于测量材料或结构件受外载荷作用下的全场位移和应变分布。

三、应力应变在线监测技术

应变在线监测技术包含硬件系统的建立和软件系统的开发，包括在线测量的方法及其物理设备等获取应变参数。二者有机结合组成应变在线监测系统。

国外较多采用包括电阻和电容的电测量技术和光纤光栅应变传感器进行管道应变测量，在高温下可短时使用，最高使用温度超过 1000℃。国内多采用电阻式应变片、光纤光栅应变传感器、图像分析技术和声表面波等进行应变测量。电阻式应变片进行应变测量的最高温度达到了 870℃，光纤光栅和图像分析技术可使测量温度达到 1000℃以上。有研究采用数字图像相关法进行了焊接过程热影响区的高温应变原位测量，通过改进耐高温散斑制备方法提高了高温测量的精确度。利用声表面波在线监测高温管道应变技术研究，较好地解决了声表面波在应变监测中的精确测时、长时高温直接接触耦合等关键难题。

四、残余应力测试技术

目前，残余应力测试方法主要有破坏性的机械法、半破坏的机械法和物理法。常用的破坏性机械法包括轮廓法、深孔法等。半破坏性机械法包括盲孔法、压痕法等。常用的物理法包括 X 射线衍射法、基于同步辐射的 X 射线衍射法、中子衍射法等。

1. 盲孔法

盲孔法是一种发展成熟、应用广泛、精度较高的残余应力测试方法。钻孔仪器的转速越高，产生的加工应力越小，残余应力测试精度越高。目前，国外研究学者大多采用气动高速钻孔法测试残余应力。国家标准《金属材料残余应力测定钻孔应变法》（GB/T 31310—2014）对低速钻孔和高速钻孔进行了详细的规定。国内学者对盲孔法残余应力测试引入附加应变修正后，测试误差可由 57.457% 降到 3.208% 以内。采用反向钻孔法可以测试工件内壁应力。

2. 轮廓法

轮廓法于 2001 年提出，该方法根据应力释放与弹性变形的关系获取残余应力分布，测量精度主要与轮廓数据的采集、拟合方法和表面切割的精度有关。国内学者采用两次切割轮廓法分析了对接焊接接头的内部纵向和横向残余应力分布，获得了焊接构件内部纵向残余应力的三维分布。

3. 压痕法

压痕法是基于硬度测试原理发展起来的，又分为压痕应变法（也叫冲击压痕法）和仪器化压痕法。张泰瑞通过引入 DIC 方法测试塑性区半径的方式，提高了球压头压入试验的精确度。仪器化压痕法已形成了国家标准《金属材料 仪器化压入法测定压痕拉伸性能和残余应力》（GB/T 39635—2020）。

4. X 射线衍射法

X 射线衍射法主要原理是依据晶体衍射峰的偏移方向和幅度来确定残余应力的性质和大小，可以实现距表面几十微米深度内残余应力值的检测。有研究提出了一种用面积探测器测量 X 射线衍射角以获得残余应力的新方法，扩大了该方法测量残余应力的应用范围。X 射线衍射法目前在国内已广泛应用于残余应力测试。同步辐射 X 射线是一种与常规 X 射线相比具有强度更高、能量也更高，可以穿透毫米的数量级的材料。

5. 中子衍射

中子的穿透能力可达厘米级别，能够用于探测大块材料内部的残余应力分布。国外对气冷堆核电站的临界焊接组件进行应力表征，证实了焊接接头能够确保完整性，使核电站的服役寿命延长近 5 年，是应用中子衍射开展工程残余应力研究的经典案例。随着我国中子衍射科学装置的建成，中子衍射测试方法十余年来在国内取得了快速的发展。

6. 超声波法

超声波法以声双折射现象和声弹性理论为基础，通常采用对应力变化敏感的临界折射纵波，利用其传播速度与应力的线性关系来获取残余应力。浸入式超声波残余应力测试方法与有限元模拟残余应力的分布结果更为接近。开发了超声波无损应力测量系统。针对超声波法测试精度易受材料的微观组织及相关测试条件影响，不适用于工作环境复杂的工程现场使用，通过 1 发 2 接收的方式可消除电气延时引起的测量误差。

五、无损检测技术

1.TOFD 检测

TOFD（Time of Flight Diffraction Technique，TOFD）技术是一种基于衍射信号实施检测的技术，即衍射时差法超声检测技术。TOFD 技术与传统脉冲回波技术的最主要的两个区别在于：①更加精确的尺寸测量精度（一般为 ±1mm，当监测状态为 ±0.3mm），且检测时与缺陷的角度几乎无关，尺寸测量是基于衍射信号的传播时间而不依赖于波幅；② TOFD 技术不使用简单的波幅阈值作为报告缺陷与否的标准。由于衍射信号的波幅并不依赖于缺陷尺寸，在任何缺陷可能被判不合格之前所有数据必须经过分析，因此培训和经验对于 TOFD 技术的应用是极为基本的要求。

TOFD 技术可以使用单一探头，但并不推荐这样使用，因为使用单探头时返回探头的衍射波信号很可能被缺陷的反射波掩盖，导致单探头系统对端点衍射信号接收存在不确定性。使用两个探头配对组成一发一收的双探头系统，则可以避免镜面反射信号对衍射波信号的干扰，从而在任何情况下都能很好地接收到缺陷端点衍射波的信号。另外还容易实现大范围的扫查，快速接收大量的信号。因此，双探头扫查系统可以说是 TOFD 技术的基本配置和特征之一。

在 TOFD 检测中，通过波的传输时间来确定缺陷的位置，所以信号传输的时间与缺陷的位置都是有唯一性的。在一般的金属材料中，纵波最先到达接收探头，根据最先到达探头的纵波信号来识别缺陷和以纵波波速计算其位置，就不会与后面到达的横波信号混淆，也不会发生差错。而使用不论哪一种变型波或者横波信号判断缺陷的位置，都可能得到错误的结果。TOFD 中有纵波和横波两种有关的声波类型：对于纵波，介质质点的振动方向与波的传播方向是一致的，碳钢中纵波声速约为 5950m/s；对于横波，介质质点的振动方向垂直于波的传播方向，碳钢中横波声速约为 3230m/s。

在 TOFD 检测时，被测工件中会存在多种波。首先是发射探头发射出的纵波和横波；其次，波在传播过程中遇到一些缺陷或者底面时，也会发生波型转换，即由纵波转换出横波，以及由横波转换出纵波。由此，接收探头得到的信号包括所有纵波、所有横波，以及波型转换后的一部分纵波和横波。TOFD 扫查时的 A 扫波通常包括、直通波、缺陷信号、底面反射波、波型转换信号以及底面横波信号。

TOFD 的优势是：①技术可靠性好，由于利用的是波的衍射信号，不受声束角度的影响，缺陷的检出率比较高，定量精度高。②检测过程方便快捷，一般一人就可以完成 TOFD 检测，探头只需要沿焊缝两侧移动即可；③拥有清晰可靠的 TOFD 扫查图像，与 A 型扫描信号比起来，TOFD 扫查图像更利于缺陷的识别和分析；④ TOFD 检测使用的都是高性能数字化仪器，记录信号的能力强，可以全程记录扫查信号，而且扫查记录可以长久保存并进行处理；⑤ TOFD 除了用于检测外，还可用于缺陷变化的监控，尤其对裂纹高度扩展的测量精度很高。TOFD 的局限性是：①对近表面缺陷检测的可靠性不够，上表面缺陷信号可能被埋藏在直通波下面而被漏检，而下表面缺陷则会因为被底面反射波信号掩盖而漏检；②缺陷定性比较困难，TOFD 图像的识别和判读比较难，需要丰富的经验，不容易检出横向缺陷，复杂形状的缺陷检测比较难，点状缺陷的尺寸测量不够精确。

2. 声发射检测

声发射（Acoustic Emission，AE）是指材料中局域源快速释放能量产生瞬态弹性波的现象，也称为应力波发射。各种材料的声发射的频率很宽，从次声波，到超声波。声发射传感器检测的信号通常为中心频率为 150kHz 的超声波信号。人们将声发射仪器形象地称为材料的听诊器。如果裂纹等缺陷处于静止状态，没有变化和扩展，就没有声发射发生，也就不能实现声发射检测。声发射检测的这一特点使其区别于超声、射线、涡流等其他常规无损检测方法。

声发射检测是一种被动式的无损检测方法，声发射信号来自缺陷本身，因此，用声发射法可以判断缺陷的严重性。一个同样大小、同样性质的缺陷，当它所处的位置和所受的应力状态不同时，对结构的损伤程度也不同，所以它的声发射特征也有差别。除极少材料外，金属和非金属材料在一定条件下都有声发射发生，所以，声发射检测几乎不受材料的限制。利用多通道声发射装置，可以对缺陷进行准确地定位。声发射检测的这一特点对大型结构如球罐等检测特别方便。

在利用声发射技术确定缺陷部位后，还可以利用其他无损检测方法加以验证。当然随着信号处理水平的提高，根据信号本身的特征，也可以对缺陷的性质和严重程度进行识别。由于声发射技术具有许多独特的优点，近年来有许多科学家和工程技术人员致力于发展和应用该项技术。

声发射检测方法和其他常规无损检测方法的特点对比见表 10-12。

表 10-12　　　　　声发射检测方法和其他常规无损检测方法的特点对比

声发射检测方法	其他常规无损检测方法
缺陷的增长／活动	缺陷的存在
与作用应力有关	与缺陷的形状有关
对材料的敏感性较高	对材料的敏感性较差
对几何形状的敏感性较差	对几何形状的敏感性较高
需要进入被检对象的要求较少	需要进入被检对象的要求较多
进行整体监测	进行局部扫描
主要问题：噪声、解释	主要问题：接近、几何形状

3. 超声相控阵检测技术

超声相控阵检测技术的应用始于 20 世纪 60 年代，目前已广泛应用于医学超声成像领域。由于该系统复杂且制作成本高，因此在工业无损检测方面的应用受到限制。近年来，超声相控阵技术以其灵活的声束偏转及聚焦性能越来越引起人们的重视。由于压电复合材料、纳秒级脉冲信号控制、数据处理分析、软件技术和计算机模拟等多种高新技术在超声相控阵成像领域中的综合应用，使得超声相控阵检测技术得以快速发展，逐渐应用于工业无损检测，如对汽轮机叶片（根部）和涡轮圆盘的检测、石油天然气管道焊缝检测、火车轮轴检测、核电站检测和航空材料的检测等领域。

超声相控阵技术是通过控制各个独立阵元的延时，可生成不同指向性的超卢波波束，产生不同形式的声束效果，可以模拟各种斜聚焦探头的工作，并且可以电子扫描和动态聚焦，无需或少移动探头，检测速度快，探头放在一个位置就可以生成被检测物体的完整图像，实现了自动扫查，且可检测复杂形状的物体，克服了常规 A 型超声脉冲法的一些局限。超声相控阵成像技术是通过控制换能器阵列中各阵元的激励（或接收）脉冲的时间延迟，改变由各阵元发射（或接收）声波到达（或来自）物体内某点时的相位关系，实现聚焦点和声束方位的变化，完成声成像的技术。由于相控阵阵元的延迟时间可动态改变，所以使用超声相控阵探头探伤主要是利用它的声束角度可控和可动态聚焦两大特点。

目前，在执行 API 标准的石油管的超声波探伤中，要求进行纵伤、横伤，测厚和分层的全覆盖检测。而在一些技术要求更高情况下还要同时进行斜向伤的检测。由于超声相控阵检测可以灵活、便捷地控制超声声束的入射角度和聚焦深度，所以无缝钢管中各种取向的缺陷很容易利用超声相控阵方法检测出来。

与传统的手工超声检测和射线检测相比，超声相控阵检测的优势：①灵活性高、速度快，现场检测时只需对环焊缝进行一次简单的线性扫查，而无需来回移动即可完成全焊缝的检测；②超声成像检测结果直观、重复性好，可实时显示；③在扫查的同时可对焊缝进行分析、评判，也可打印、存盘，实现检测结果的永久性保存；④可检测复杂形面或难以接近的部位；⑤缺陷定位准确，检测灵敏度高；⑥作业强度小，无辐射无污物。超声相控阵的局限性是：①对工件表面光滑度要求较高，对温度有一定的敏感性；②仪器调节过程复杂，调节准确性对检测结果影响大；③对手工电弧焊的检测效果低于自动焊；④检测对象有局限性；⑤设备价格较高。

4. 冷阴极 X 射线数字成像检测技术

射线穿透物体的过程中会与物质发生相互作用（吸收和散射）而强度减弱。强度的衰减程度取决于物质的衰减系数和射线在物质中穿透的厚度。如果被透照物体（试件）的局部存在缺陷，且构成缺陷的物质的衰减系数又不同于试件的，则透过该局部区域的射线强度就会与周围的产生差异。射线检测就是利用这样的差异来检测缺陷的。

冷阴极 DR（数字射线检测）技术与传统 RT（胶片射线检测）技术的主要区别为成像方

式不同。传统 RT 利用胶片中的感光银盐粒子吸收光子形成肉眼不可见的潜影，通过暗室处理技术在底片上形成肉眼可见的图像。DR 技术通过数字探测器来获得可被显示和记录的数字图像，其原理为透过被检物体的射线光子被数字探器接收并转换为可见光或电子，再利用电路读出可见光或电子并进行数字化处理后，将得到的信号数据发送至计算机系统形成可显示、分析处理和存储的图像，实现图像的数字化。冷阴极指电子管中不使用加热的方式来发射电子的阴极，可明显提升射线检测的灵敏度。

传统射线检测技术使用的胶片感光银盐颗粒很小，能记录的细节尺寸可以很小，因此分辨率较高，但后续的暗室处理易造成环境污染。冷阴极 DR 像检测技术与传统射线检测技术相比，在便捷性、工作效率和对探伤时间窗口的需求等方面具有较大优势。

附　录

附录 A　检查工序卡、质量验收卡

（一）锅炉防磨防爆检修工序卡（示例）

塔式锅炉一级再热器防磨防爆检修工序卡（示例）

检修工序卡	
检修工序步骤及内容	质量标准
一级再热器防磨防爆检查： □ 1. 做好检查前的准备工作、工作负责人办理好工作票。 安健环风险：高空落物、高空坠落、照明不足、高温烫伤、触电、吸入粉尘。 风险控制措施： （1）检查工具必须固定牢固，检查工具系防止坠落安全绳，较小的工具放在工具包内，高空作业时系好安全带。 （2）炉膛内配备充足照明，防止检查人员摔倒受伤、坠落。 （3）炉膛内温度在60℃以上时，不准入内进行检修工作。 （4）炉膛内照明固定牢固，检修电源配带合格漏电保护。 （5）进入炉膛内工作要戴防尘口罩，避免灰尘吸入体内	
□ 2. 检查部位搭设脚手架或铺设安全网。 	风险见证点	一级 (S1)	二级 (S2)
---	---	---		2. 脚手架搭设不小于 1m 高的围栏，经过验收方可使用
□ 3. 一级再热器管清灰、吹扫。用高压水冲洗过热器工作表面和管排间的积灰、结渣和杂物。 	质检点	1-W2	第　　页
---	---	---		3. 管子表面和管排间的烟气通道内无积灰、结渣和杂物。开启送引风机抽湿 4h 以上。
□ 4. 管排外观、磨损、胀粗、变形检查（用壁厚测量仪、胀粗极限卡规、游标卡尺检测）。 □ 4.1 检查管子磨损及氧化。可用眼睛看，用手触摸，用壁厚测量仪专检，用分析仪精检。磨损严重的部位有磨损的平面及形成的棱角。这时要测量管子的壁厚。若局部磨损面积大于 $2cm^2$，磨损厚度超过管壁厚度的30%时，应更换新管。 	质检点	1-H3	第　　页
---	---	---		4.1 受热面管子无超标凹坑，无高温氧化或严重的磨损痕迹。管子外表无明显的颜色变化和鼓包。管子表面球化＞4级时，应取样进行机械性能试验，并做出相应措施

续表

检修工序卡	
检修工序步骤及内容	质量标准
□ 4.1.1 检查吹灰器吹扫区域内管子并测量管子壁厚。 □ 4.1.2 检查吹灰孔四周管子并测量壁厚。 □ 4.1.3 检查再热器管弯头并测量壁厚。 □ 4.1.4 检查管排外圈向火侧并测量壁厚。 □ 4.1.5 检查从管屏出列的管子并测量壁厚。 □ 4.1.6 检查横向节距不均匀的管排并整形。 □ 4.1.7 检查和清理滞留在管排间的异物。 □ 4.1.8 割出一级再热器出口穿墙管水冷壁鳍片，检查穿墙管部位磨损情况，进行壁厚测量记录，加装防磨护瓦 □ 4.1.9 检查管屏与炉墙相近的部位。 □ 4.1.10 检查管屏防振隔板连接部位。 □ 4.2 检查管子蠕胀和高温腐蚀。 □ 4.2.1 使用专用管径胀粗极限卡或游标卡尺检查管子蠕胀。 □ 4.2.2 检查外圈管段的胀粗。 □ 4.2.3 检查管子表面，特别是外圈向火侧表面的高温腐蚀氧化情况。 □ 4.3 检查穿墙管的密封。对穿墙管的密封套焊缝去锈、去污后进行着色抽查。 □ 4.4 检查管排变形和整形。 □ 4.4.1 检查管排横向间距。消除横向间距偏差和变形的原因，并进行整形。 □ 4.4.2 检查管排平整度，应割除出列管段，消除变形后再焊复。 □ 4.4.3 检查管排的管夹和管排间的连接板及梳形板。 □ 4.5 检查再热器管排的悬吊结构件、管卡、梳形板、阻流板、防磨瓦等，有无烧损、脱焊、脱落、移位、明显变形、裂纹和磨损等缺陷，重点检查是否存在损伤管子等情况	4.2 管子表面腐蚀凹坑深度＜管壁的30%。管子外表的氧化皮厚度须＜0.6mm，氧化皮脱落后管子表面无裂纹。管子的胀粗＜2.5%D（管子外径）。 4.4 管排变形检查和整形：管排排列整齐、平整，无出列管，管排横向间距一致，管排间无杂物；管夹、限位块完好无损，无变形、无脱落，管卡与管子能自由膨胀。管卡与管子焊缝无裂纹
□ 5. 再热器割管取样，以检查金相组织和机械性能的变化情况，以及管子内壁腐蚀情况。 | 质检点 | 2-W2 | 第　页 | 5.1 使用机械切割，禁止使用割炬切割监视管。 □ 5.2 对所割下管段，应标明它的具体部位和介质流向并进行登记。 □ 5.3 金属监视管段的位置应由金属专职确定。 □ 5.4 化学监视管段的位置应由化学监督确定。 □ 5.5 监视管割下后标明管子的材质、部位、蒸汽流向及烟气侧方向。 □ 5.6 封堵管子割开后的两端管口。 □ 5.7 管子切割后监视管应保持原样和完整	5. 割管长度800～1000mm。监测管段内外壁无损伤，进行光谱、内壁氧化、金相组织、机械强度分析。由金属检验和化学分析进行评判

检修工序卡	
检修工序步骤及内容	质量标准
☐ 6. 再热器联箱的检修。 | 质检点	3—W2	第　　页 | 6.1 进出口联箱两端手孔的检查。 ☐ 6.1.1 检查联箱手孔是否泄漏，临修时进行专检。 ☐ 6.1.2 对联箱手孔进行着色检验，用放大镜观察是否有裂纹。临修时专检，小修时精检。 ☐ 6.1.3 一级再热器管壁温度测点检查及校验 ☐ 6.2 一级再热器联箱支吊架检修。检修时应仔细检查联箱各支吊架连接部位、吊杆是否完整牢固，焊缝有无裂纹，有无妨碍联箱膨胀的地方，如果有，应及时消除。 ☐ 6.2.1 对联箱吊杆进行专检，查看吊杆有无拉伸变形。临修时也要进行专检。 ☐ 6.2.2 临修及小修时对吊杆螺母进行检查，如果吊杆松弛、不受力或没有拉紧，用扳手拧紧螺母，对吊杆进行调整。 ☐ 6.2.3 清扫、检查并修整联箱支座。小修时用目视的方法对联箱支座进行专检，用着色的方法进行精检。 ☐ 6.3 小修时对联箱连接管座焊缝用目视的方法专检，用着色及磁粉的方法进行精检。 ☐ 6.4 停炉前要检查联箱管子是否膨胀自由，如发现不能自由膨胀，必须查明原因，及时处理。 ☐ 6.5 大修时应对联箱仔细检查，特别注意检查表面裂纹和管孔周围处有无裂纹，必要时由金属检验人员对联箱进行无损探伤，如发现裂纹，应进行修整处理。 ☐ 6.6 机组长时间运行后，应有计划地割开联箱检查孔封头检查联箱内部是否清洁；是否有裂纹；有无杂物或氧化堆积物；联箱内部腐蚀是否严重；疏水管是否畅通。	6. 联箱手孔无水珠渗漏。联箱手孔无表面裂纹。 6.1.3 温度测点安装牢固，热工校验合格。 6.2 联箱吊杆无拉伸变形。联箱吊杆拉紧受力、不松弛。联箱管卡不脱落、不阻滑动。联箱管座无裂纹及超标缺陷
☐ 7. 管子焊缝检查。 ☐ 7.1 联箱管座与管排对接焊缝去锈、去污、抽查。 ☐ 7.2 全面检查运行 10 万 h 后的异种钢焊缝，并由金属专职对焊缝组织探伤抽查。 ☐ 7.3 打磨管座焊缝裂纹，彻底消除后进行补焊，采取必要的焊前预热和焊后热处理措施	7. 焊缝及热影响区无裂纹
☐ 8. 超标管子更换。 ☐ 8.1 管子切割。 ☐ 8.1.1 管了切割后现场开口处应用管盖临时封堵。 ☐ 8.1.2 切割点附近的管夹、限位块应在切割前与管子或所在管排脱离，管子切割不要损伤相邻管子。 ☐ 8.1.3 切割管子应采用机械切割，对于特殊部位需要用气体切割时，需消除切割部位的热影响区。	8. 切割点管子开口平整。管子割开后，应无铁屑、熔渣及其他杂物进入管内。 8.1 切割点位置须符合 DL 612—2017 的要求。

续表

检修工序卡	
检修工序步骤及内容	**质量标准**
□ 8.2 新管检查。 □ 8.2.1 新管外观检查。 □ 8.2.1.1 检查管子表面裂纹。 □ 8.2.1.2 检查管子表面压扁、凹坑、撞伤和分层。 □ 8.2.1.3 检查管子表面腐蚀。 □ 8.2.1.4 管子内外表缺陷的深度超过管子壁厚的10%时，应采取必要的措施。 □ 8.2.1.5 检查弯管表面拉伤和波浪度。 □ 8.2.1.6 抽查管子的管径和椭圆度偏差，应不超过管子外径的1%；管壁厚度偏差小于0.25mm。 □ 8.2.1.7 检查管子硬度、合金元素检测和金相检查。 □ 8.2.1.8 新管使用前宜进行化学清洗，对口前压缩空气进行吹扫。 □ 8.3 新管焊接。 □ 8.3.1 新管施工焊口100%探伤检测。 质检点　4–W2　第　页	8.2 管子外表无压扁、凹坑、撞伤、分层和裂纹。切割处打磨完毕后应做着色检验。管子表面无明显腐蚀氧化层。弯管表面无拉伤。弯管实测壁厚应大于直管理论计算壁厚。弯管的不圆度应<6%，通球试验合格。管子硬度无超标。合金成分正确。新管内无铁锈等杂质。 8.3 管子焊接和热处理应严格执行焊接热处理工艺卡要求
□ 9. 加工坡口及对口焊接。 □ 9.1 按焊接工艺要求加工坡口。 □ 9.2 将对接的管子除锈。 □ 9.3 对口间隙为1.5~3.5mm，钝边为1～2mm，坡口角度为35º±2º。 □ 9.4 对口偏折度距焊口200mm处<1mm，错口值<0.6mm。 □ 9.5 焊接完毕后进行检查	9.2 管口10～15mm内除油、除锈，直到露出金属光泽
□ 10. 焊接检验 10.1 通知金属监督人员进行射线探伤。 □ 10.2 胶片显示有气孔、夹渣、未熔合或三级片为不合格，应返工重新焊接。 □ 10.3 焊接后进行热处理。 质检点　2–H2　第　页	10.3 施工焊缝100%探伤合格
□ 11. 检修完毕后，拆除所有脚手架，清理现场。按要求恢复密封及保温。	

（二）检查记录格式（示例）

超声波测厚报告

使用单位	国能××电厂		设备名称	×号锅炉
部件名称	低温过热器（上向下第1层检修空间）		部件材质	15CrMoG/12Cr1MoVG
仪器型号及编号	MX-3（40655）	仪器精度	±0.01mm	表面状况	满足要求
耦合剂	机油	最小需要厚度	4.80mm	部件规格	ϕ51×6.0mm
实测点数	102	实测最小厚度	5.85mm	检测标准	《无损检测 超声测厚》（GB/T 11344—2021）

测点位置：

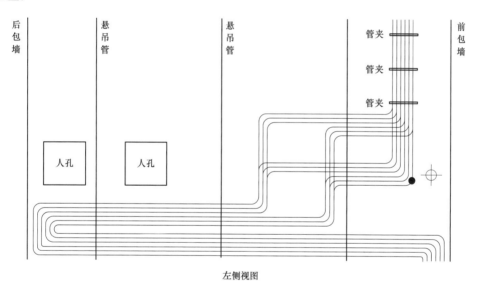

左侧视图

低温过热器（上向下数第1层检修空间）检验位置示意图

备注：图中"●"为测点位置，管子编号 X 表示从左侧向右侧数第 X 根管子。

管子编号	剩余壁厚（mm）	管子编号	剩余壁厚（mm）	管子编号	剩余壁厚（mm）
1	6.29	6	6.31	11	6.44
2	6.46	7	6.56	12	6.68
3	6.68	8	6.61	13	6.26
4	6.41	9	6.31	14	6.25
5	6.42	10	6.48	15	6.29

续表

管子编号	剩余壁厚（mm）	管子编号	剩余壁厚（mm）	管子编号	剩余壁厚（mm）
16	6.30	42	6.14	68	6.01
17	6.24	43	6.15	69	6.06
18	6.07	44	6.33	70	5.94
19	6.17	45	6.22	71	6.20
20	6.06	46	6.41	72	6.13
21	6.27	47	6.54	73	6.32
22	6.21	48	6.13	74	6.05
23	6.15	49	6.42	75	6.13
24	6.00	50	6.22	76	6.13
25	6.26	51	6.10	77	6.05
26	6.30	52	6.30	78	5.94
27	6.33	53	6.13	79	5.85
28	6.42	54	6.12	80	6.05
29	6.50	55	6.23	81	6.14
30	6.15	56	6.37	82	6.13
31	6.48	57	6.34	83	6.04
32	6.19	58	6.23	84	5.94
33	6.17	59	6.15	85	5.97
34	6.39	60	6.46	86	6.12
35	6.46	61	6.07	87	5.92
36	6.06	62	6.02	88	6.03
37	5.96	63	5.95	89	5.99
38	6.23	64	6.05	90	6.09
39	6.24	65	6.05	91	6.13
40	6.36	66	6.10	92	6.18
41	5.97	67	6.31	93	6.25

续表

管子编号	剩余壁厚 （mm）	管子编号	剩余壁厚 （mm）	管子编号	剩余壁厚 （mm）
94	6.07	97	5.94	100	6.00
95	6.04	98	6.04	101	6.14
96	5.95	99	6.10	102	6.13

检验结论：

  实测最小剩余壁厚为 5.85mm，大于公称壁厚的 80%，均满足要求。（依据电厂要求对低温过热器受热面管壁厚减薄量 ≥ 20% 的管段进行更换）

检 验		日 期	2021 年 10 月 01 日
审 核		日 期	2021 年 10 月 01 日

超声波测厚报告

报告编号：

使用单位	国能 ×× 电厂			设备名称	× 号锅炉
部件名称	水冷壁（冷灰斗）			部件材质	SA–210C
仪器型号及编号	MX–3（40655）	仪器精度	±0.01mm	表面状况	满足要求
耦合剂	机油	最小需要厚度	5.60mm	部件规格	$\phi63.5\times7.0$mm
实测点数	38	实测最小厚度	6.72mm	检测标准	GB/T 11344—2021

测点位置：

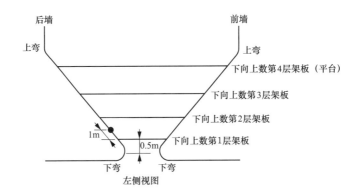

冷灰斗检验位置示意图

备注：图中"●"为测点位置，管子编号 X 表示从左侧向右侧数第 X 根管子。

管子编号	剩余壁厚（mm）	管子编号	剩余壁厚（mm）	管子编号	剩余壁厚（mm）
1	6.91	45	6.91	90	7.12
5	6.87	50	6.96	95	6.96
10	6.80	55	6.74	100	6.95
15	7.12	60	6.95	105	7.16
20	7.21	65	6.96	110	7.12
25	6.89	70	7.02	115	7.25
30	6.95	75	7.06	120	6.98
35	7.20	80	6.89	125	6.86
40	6.99	85	7.12	130	7.07

续表

管子编号	剩余壁厚（mm）	管子编号	剩余壁厚（mm）	管子编号	剩余壁厚（mm）
135	7.07	155	6.72	175	7.22
140	6.95	160	7.08	180	6.96
145	6.86	165	7.15	183	7.01
150	6.94	170	7.02	/	/

检验结论：

    实测最小剩余壁厚为 6.72mm，大于公称壁厚的 80%，均满足要求。（依据电厂要求对水冷壁管壁厚减薄量 ≥ 20% 的管段进行更换）

检 验		日 期	2021 年 10 月 05 日
审 核		日 期	2021 年 10 月 05 日

超声波测厚报告

报告编号：

使用单位	国能 XX 电厂			设备名称	X 号锅炉
部件名称	屏式再热器			部件材质	12Cr1MoVG
仪器型号及编号	MX–3（40655）	仪器精度	±0.01mm	表面状况	满足要求
耦合剂	机油	最小需要厚度	3.60mm	部件规格	$\Phi 63 \times 4.5$mm
实测点数	30	实测最小厚度	3.88mm	检测标准	GB/T 11344—2021

测点位置：

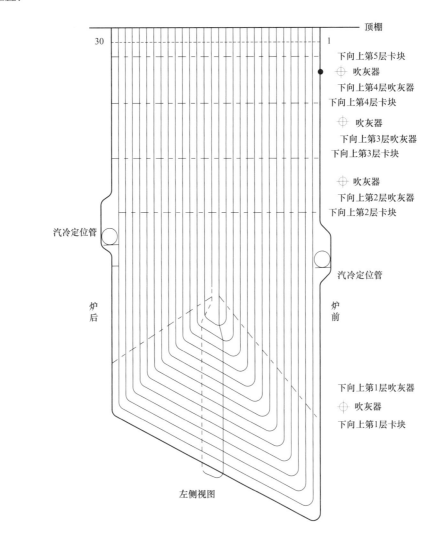

分隔屏过热器检验位置示意图

　　备注：图中"●"为测点位置，管子编号 X–Y 表示从炉左向炉右数第 X 屏，从炉前向炉后数第 Y 根管子

续表

管子编号	剩余壁厚（mm）	管子编号	剩余壁厚（mm）	管子编号	剩余壁厚（mm）
1-1	3.68	11-1	4.44	21-1	4.75
2-1	4.13	12-1	4.75	22-1	4.43
3-1	4.65	13-1	4.99	23-1	4.42
4-1	5.25	14-1	5.10	24-1	3.91
5-1	4.52	15-1	5.02	25-1	4.34
6-1	4.35	16-1	4.78	26-1	4.08
7-1	4.53	17-1	5.30	27-1	4.08
8-1	4.62	18-1	5.14	28-1	3.89
9-1	4.82	19-1	5.66	29-1	4.43
10-1	4.98	20-1	4.77	30-1	4.39

检验结论：

实测最小剩余壁厚为 3.88mm，大于公称壁厚的 80%，均满足要求。（依据电厂要求对屏式再热器管壁厚减薄量 ≥ 20% 的管段进行更换）

检 验		**日　期**	2021 年 10 月 06 日
审 核		**日　期**	2021 年 10 月 06 日

（三）煤粉锅炉防磨防爆检修质量验收卡（示例）

塔式煤粉锅炉一级再热器防磨防爆检修质量验收卡（示例）

质量验收卡			
质检点：1—W2 一级再热器管清灰、吹扫 质量标准： （1）管子表面和管排间的烟气通道内无积灰、结渣和杂物。 （2）启动送风机、引风风机抽湿 4h 以上			
测量器具／编号			
测量（检查）人		记录人	
一级验收			年　　月　　日
二级验收			年　　月　　日

质量验收卡

质检点：1–H3 管排外观、磨损、胀粗、变形检查

质量标准：

（1）受热面管子无超标凹坑，无高温氧化或严重的磨损痕迹。管子外表无明显的颜色变化和鼓包。管子表面球化＞4级时，应取样进行机械性能试验，并做出相应措施。

（2）管子表面腐蚀凹坑深度＜管壁的30%。管子外表的氧化皮厚度须＜0.6mm，氧化皮脱落后管子表面无裂纹。管子的胀粗＜2.5%D。

（3）管排变形检查和整形：管排排列整齐、平整，无出列管，管排横向间距一致，管排间无杂物；管夹、限位块完好无损，无变形、无脱落，管卡与管子能自由膨胀。管卡与管子焊缝无裂纹。

防磨防爆检查结果：
缺陷记录：

序号	缺陷描述	缺陷部位	处理方法	备注
1				
2				
3				
4				

工序 4.1.1 吹灰通道处一级再热器管厚度测量记录

测量部位	厚度（mm）	测量部位	厚度（mm）

测量器具／编号			
测量（检查）人		记录人	
一级验收			年　　月　　日
二级验收			年　　月　　日
三级验收			年　　月　　日

质量验收卡

质检点：2-H2 探伤检验

质量标准：施工焊缝 100% 探伤合格。

探伤结果：

探伤记录：

序号	焊口编号	焊口部位	探伤结果	缺陷及处理情况
1				
2				
3				
4				

测量器具／编号			
测量（检查）人		记录人	
一级验收			年　月　日
二级验收			年　月　日

质量验收卡

质检点：2–W2 割管取样

质量标准：割管长度 800 ～ 1000mm。监测管段内外壁无损伤，进行光谱、内壁氧化、金相组织、机械强度分析。由金属检验和化学分析进行评判。

割管记录：

序号	割管位置	割管长度、材质	标记介质流向、向火侧、背火侧	取样人员	接收人员
1					
2					
3					
4					

测量器具／编号			
测量（检查）人		记录人	
一级验收			年　　月　　日
二级验收			年　　月　　日

质量验收卡				

质检点：3-W2 联箱检查

质量标准：

（1）联箱手孔无水珠渗漏，联箱手孔无表面裂纹。
（2）联箱吊杆无拉伸变形。联箱吊杆拉紧受力、不松弛。联箱管卡不脱落、不阻滑动。联箱管座无裂纹及超标缺陷

测量器具／编号					
测量（检查）人		记录人			
一级验收			年	月	日
二级验收			年	月	日
三级验收			年	月	日

质量验收卡

质检点：4–W2 超标管子更换

质量标准：
（1）切割点管子开口平整。管子割开后，应无铁屑、熔渣及其他杂物进入管内。
（2）管子外表无压扁、凹坑、撞伤、分层和裂纹。切割处打磨完毕后应做着色检验。管子表面无明显腐蚀氧化层，弯管表面无拉伤。弯管实测壁厚应大于直管理论计算壁厚。弯管的不圆度应＜6％，通球试验合格，管子硬度无超标，合金成分正确，新管内无铁锈等杂质。

换管记录：

序号	换管位置	宏观及光谱检查	壁厚测量、椭圆度	硬度检查、通球记录
1				
2				
3				
4				

测量器具／编号			
测量（检查）人		记录人	
一级验收			年　　月　　日
二级验收			年　　月　　日
三级验收			年　　月　　日

（四）煤粉锅炉换管检修工序卡（示例）

煤粉锅炉屏式再热器换管检修工序卡（示例）

检修工序卡	
检修工序步骤及内容	**质量标准**
屏式再热器换管： 安健环风险：高温窒息中暑、触电、高空落物、高空坠落 风险控制措施： （1）炉膛内部温度必须低于40℃方可进行作业。 （2）通告区域和工作区域照度充足，36V以上的固定照明应安装在碰不到人的高处，电源线进入人孔门处加装绝缘橡胶垫。 （3）高处作业应一律使用工具袋，禁止将任何物品放置在跳板上。 （4）攀爬脚手架应使用防坠器。 （5）脚手架下部铺设安全网。 （6）作业下方禁止其他人员进行作业。	

风险见证点	一级 (S1)	二级 (S2)	三级 (S3)

□ 2.1 管子切割。 　2.1.1 管子切割后现场管排开口处应立即予以封堵。 　2.1.2 管子切割时不应损伤相邻的管子。 　2.1.3 管子切割应采用机械切割。 　2.2 新管检查。 　2.2.1 新管外观检查。 　（1）检查管子表面裂纹。 　（2）检查管子表面压扁、凹坑、撞伤和分层。 　（3）检查管子表面腐蚀。 　（4）管子内外表缺陷的深度超过管子壁厚的10%时，应采取必要的措施。 　（5）检查弯管表面拉伤和波浪度。 　（6）检查管径及壁厚。 　2.2.2 检查合金钢管硬度、合金元素检测和金相检查。 　2.2.3 新管使用前宜进行化学清洗，对口前用压缩空气进行吹扫	2.1.1 切割点位置须符合 DL/T 612—2017 的要求。 　2.1.2 切割点管子开口应与管子保持垂直，开口平整。 　2.1.3 在管子割开后防止铁屑和其他杂物掉进管内。 　2.2.1 管子外表无压扁、凹坑、撞伤、分层和裂纹。 　2.2.2 管子表面无腐蚀。 　2.2.3 弯管表面无拉伤，其波浪度应符合《电力建设施工技术规范 第5部分：管道及系统》（DL 5190.5—2019）的要求。 　2.2.4 弯管实测壁厚应大于直管理论计算壁厚。

续表

检修工序卡	
检修工序步骤及内容	质量标准
	2.2.5 弯管的不圆度应小于 6%，通球试验合格。
	2.2.6 管子管径与壁厚的正负公差应小于 10%。
	2.2.7 合金钢管子硬度无超标。合金成分正确。
	2.2.8 新管内无铁锈等杂质
2.3 坡口加工。用坡口机加工管子下部坡口时应使用水溶纸对管子进行封堵，坡口加工完成后用磁铁将铁屑吸出，再将水溶纸取出。对管子对口端内外壁进行打磨除锈。坡口制作完成后如不立即焊接，应对管口进行封堵。	2.3 单面坡口角度 30°~35°，管子对口端面偏斜度不超过 0.4mm；管子对口端的坡口面及内外壁 10~15mm 范围内应清除油、漆、垢、锈等。
2.4 管子对口。使用对口专用工具进行对口。	2.4 管子对口错口值不超过壁厚的 10%；对口管子中心线偏差值在 200mm 内应小于 1mm。
2.5 新管焊接。	
2.5.1 焊接由具备相应资质的焊工进行。焊条放置在保温筒内，随用随取。	2.5.1 管子焊接和热处理应严格执行焊接热处理工艺卡要求。
2.5.2 新管施工焊口须 100% 射线探伤。	2.5.2 焊缝探伤满足《金属熔化焊对接接头射线检测技术和质量分级》（DL/T 821—2017）中 Ⅱ 级标准
质检点　2-W3　第　页	

附录 B 煤粉锅炉焊接及热处理工艺卡（示例）

煤粉锅炉焊接热处理工艺卡（示例）

工程名称	二级减温水管道焊接工艺		编　号	
母　材				
母材材质	12Cr1MoV		母材类级别	/
母材规格	ϕ 76 × 10mm		规格适用范围	8 ~ 12mm
焊接方法及焊接材料				
焊接方法	Ws		焊接位置	5G
焊　丝	R31		规　格	ϕ 2.5
焊　条	/		规　格	/
焊前预热				
预热温度	200~300℃		预热方式	氧乙炔火焰预热
恒温时间	10min		其　他	两侧均匀加热（每侧不小于100mm）
焊接规范				
打底电流	80~110A		填充盖面电流	90~120 A
焊　机	高频焊机		层间温度	200~300℃
焊　道	3层4道（盖面2道）		其　他	打底时清除点焊固定点
保护气体				
气体 / 混合比	Ar/99.99%		焊接气体流量	8~10L/min
背面气体流量	/		其　他	/
焊后热处理				
升温速度	≤ 300℃		降温速度	≤ 300℃
加热方法	柔性陶瓷电阻加热器		加热宽度	每侧不少于150mm
保温层厚度	40~60mm		保温层宽度	每侧不少于250mm
恒温温度	735 ± 10℃		恒温时间	30min

工程名称	二级减温水管道焊接工艺	编　号	
热电偶型号	铠装热电偶	数　量	焊缝两侧各 1

工
艺
曲
线
图

温度（℃）

735±15℃
1h

≤300℃/h　　≤300℃/h

300℃以下随炉冷却

0　　　　　　　　　　时间（h）

其
他
要
求

（1）焊接全氩弧焊接方式，焊接电流以焊接现场就地焊接点测量值为准。

（2）点固焊采用氩弧焊，点固焊位置在坡口根部，在打底层焊接至焊固点附近时，需将点固焊彻底打磨清除，焊接过程中注意打底层不得与点固焊拉边和搭接。

（3）焊接前预热时，火焰中心应在管子的轴向方向上均匀移动，以使管子能充分预热，管子的向火面和背火面应同时进行预热。采用远红外测温仪或测温笔进行检查预热温度，以确保焊前能达到所需的预热温度。

（4）焊道与焊道之间必须要圆滑过渡，不允许产生沟道，焊接完成注意收弧质量，不允许产生缩孔，如产生缩孔，需要打磨清除并补焊，补焊工艺严格按工艺进行。焊接过程中需将炉内、外侧打底层焊接完成后方可进行第二道的填充工作；同理，待炉内、外侧填充层焊接完成后方可进行第三层的盖面工作。同一根管的焊接必须先焊接完成单侧焊口后才能进行另一侧的焊口打底焊接工作。焊道每个对接点不得在同一位置，即错位布置。

（5）第一层焊缝完成焊接后应进行目视检查（尤其是在起、息弧点），经自检合格后，应及时进行次层焊缝的焊接，以防止产生裂纹。如检查发现任何裂纹等缺陷，必须清除后再焊接。

（6）在进行次层（次道）焊缝的焊接前，用远红外测温计测量层间温度，层间温度200~300℃时可进行下一层（下一道）焊接。

（7）为减少焊接变形和高空作业的危险性，应采用两人对称焊接，对接焊口的熔敷金属应均匀。

（8）施焊中，应特别注意接头和收弧的质量，收弧时应将熔池填满。上下层的焊缝，以及同一层的两道焊缝的接头至少错开 10mm。

（9）热处理过程若被迫中断，应及时采取缓冷措施，返修后的焊口必须重新进行热处理

注意事项	工作中存在高空作业、动火作业、触电、弧光灼伤等风险，按要求采取有效防范措施

编制		审核		批准	

附录 C　金属检测工艺卡

（一）煤粉锅炉超声波检测工艺卡（示例）

煤粉锅炉超声波检测工艺卡（示例）

工件	材　质	T23	检测标准	《管道焊接接头超声波检测技术规程》（DL/T 820—2019）	合格级别	I 级
	规　格	$\phi\,38.1\times6.8$	焊接方式	Ws	坡口型式	V
器材	仪器类型	数字式	仪器型号	HS-600	探头规格	5P6×6K3
	试块型号	DL-1	耦 合 剂	工业糨糊	/	
检测参数	表面状态	修磨后	检测比例	按合同要求	检测方法	单斜脉冲
	检壁厚测量度	13.6mm	前沿距离	≤ 6mm	实际 K 值	实测
	耦合补偿	4dB	检测灵敏度	DAC-10 dB	评定线	/
	定量线	/	判废线	DL/T 820—2019 中条款		
技术要求	（1）严格按操作步骤调试仪器。 （2）按标准要求的时间对仪器的参数进行校验。 （3）对有疑问的波形显示，应和射线底片进行对照评判。 （4）原始记录要完整、及时记录					
编制		审核		批准		

（二）煤粉锅炉射线检测工艺卡（示例）

煤粉锅炉射线检测工艺卡（示例）

工件	材　质	15CrMo	检测标准	DL/T 821—2017	合格级别	Ⅱ级
	规　格	ϕ 38.1×6.8	焊接方式	Ws	坡口型式	V
器材	射　源	X射线机	仪器型号	2505	增感方式	铅箔
	象质计	I型专用象质计	胶片型号	AGFA-C7	胶片规格	360mm×80mm
透照参数	透照方式	双壁双影	焦　距	600mm	透照厚度	18.5mm
	管电压	235kV	管电流	5mA	曝光时间	3min
	检测比例	100%	象质指数	11	黑度范围	1.5~3.5
	每道口张数	1张	有效片长	306mm		
暗室	冲洗方式	手动槽洗	显影温度	25℃	显影时间	3 ~ 4min
	定影温度	25℃	定影时间	大于5min	干片方式	晾干
技术要求	（1）工件表面应将影响底片评定的飞溅、铁锈清除干净。 （2）识别标记及定位标记应距焊缝边缘≥5mm。 （3）曝光量宜控制在7.5mA·min以内					
编制		审核		批准		

（三）煤粉锅炉渗透检测工艺卡（示例）

煤粉锅炉渗透检测工艺卡（示例）

工件材质	15CrMo	检测标准	《承压设备无损检测》（NB/T 47013—2015）	检测部位	对接焊口
检测温度	10 ~ 50	合格级别	I 级	表面状态	机械打磨见金属光泽
检测方式			II C–d		
名称		牌 号	操 作 时 间		
渗透剂	D 着色检验 –5		渗透时间	≥ 10min，< 60min	
清洗剂	D 着色检验 –5		干 燥 时 间	5 ~ 10min	
显像剂	D 着色检验 –5		显 像 时 间	≥ 7min，< 60min	
技术要求	（1）清洗时，勿将清洗剂直接在被检面上冲洗。 （2）清洗时，擦除多余渗透剂时擦拭的方向应与初次清洗擦拭的方向一致，不得往复擦拭。 （3）观察时，被检工件表面处白光照度应大于或等于1000lx。				
编制			审核		批准

（四）煤粉锅炉磁粉检测工艺卡（示例）

煤粉锅炉磁粉检测工艺卡（示例）

工件	材质	15CrMo	检测标准	NB/T 47013.4—2015	合格级别	I 级
	规格	$\phi\,38.1 \times 6.7$	焊接方式	Ws	坡口型式	/
器材	仪器类型	双磁轭	仪器型号	CDX-4B	磁粉类型	黑磁膏
	标准试块	A1-30/100	磁化时间	1 ~ 3s	磁轭提升力	≥ 118N
	反差剂	FA-5				
检测参数	表面状态	修磨后	磁极间距	75 ~ 200mm	磁化方法	交叉磁轭法
	可见光照度	≥ 1000lx	缺陷观察	□目视 □放大镜	缺陷记录	□照相法 □缺陷草图法
技术要求	（1）磁化区域每次应有不少于 15mm 的重叠。 （2）被检工件表面不得有油脂、铁锈、氧化皮或其他粘附磁粉的物质。 （3）应先进行表面湿润，再施加磁悬液。 （4）使用交叉磁轭装置时，四个磁极端面与检测面之间应尽量贴合，最大间隙不应超过1.5mm。 （5）被检工件表面可见光照度应大于或等于1000lx，由条件所限无法满足，可适当降低，但不得低于500lx					
编制		审核		批准		

附录 D　锅炉"四管"典型失效案例

（一）鳍片裂纹

锅炉膜式水冷壁、膜式包墙过热器等鳍片处的裂纹产生，扩展延伸至管子母材，进而撕裂管子引起泄漏，是常见、频发的锅炉"四管"泄漏故障。其主要原因有以下几方面。

（1）水冷壁鳍片焊接质量差。鳍片焊接普遍存在单面焊、折口、咬边、搭接、气孔等缺陷，是产生裂纹的潜在隐患。尤其是现场人工鳍片焊接，很难达到制造厂机械自动焊接的质量水平。

（2）膜式壁受热面局部膨胀受阻、附加结构附件（包括多余附件）受热膨胀不均。

（3）锅炉上水、启动、运行、停运等过程中，管内介质或管外燃烧工况剧烈变化，导致管壁金属温度变化幅度大，鳍片与管子之间应力作用在鳍片焊缝或鳍片薄弱处产生裂纹，并最终扩展至撕裂管子。

（4）吹灰孔让管部位，鳍片端部因宽鳍片冷却不足，易烧损开裂；吹灰器内漏或吹灰蒸汽带水，易导鳍片和管子温度变化大，鳍片热疲劳开裂。

（5）炉膛水冷壁四角由于膨胀不一致，易产生鳍片拉裂并撕裂管子。

（6）螺旋管圈四角现场鳍片焊接质量差，易发生鳍片拉裂并撕裂管子。

（7）让管部位直管和弯管连接鳍片膨胀方向不一致，易发生鳍片裂纹并撕裂管子。

（8）防磨防爆检查不够细致。未能发现鳍片裂纹的缺陷。

（9）对鳍片端部圆滑成型消除应力的处理措施标准不高，未能消除应力集中缺陷。

（10）冷灰斗角部密封焊缝开裂。因为冷灰斗前后墙为斜坡结构，侧墙为垂直结构，在角部前后墙与侧墙水冷壁折弯至下集箱处产生较明显的三角形密封鳍片。由于存在膨胀量与膨胀方向上的差异，导致密封焊缝容易产生裂纹，发展到母材形成泄漏。

※　案例 1　九江 7 号机组 2021 年 11 月 16 日水冷壁泄漏

国能九江发电有限公司四期 1×660MW 超超临界机组编号为 7 号机组，于 2012 年 12 月建成投产。7 号机组锅炉为上海锅炉厂有限公司制造的超超临界参数变压直流炉。型式为单炉膛、一次再热、平衡通风、露天布置、固态排渣、全钢构架、全悬吊 Π 形炉。

1. 检查处理情况

检查发现 31 号水冷壁管子弯头鳍片拉裂泄漏，管子规格为 $\phi 38 \times 7\text{mm}$、15CrMoG。泄漏吹损 32 号管子，附近的三根管子吹损减薄。九江 7 号机组 31 号水冷壁管子弯头鳍片拉裂泄漏图见图 D-1。

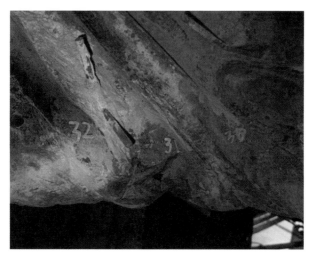

图 D-1　九江 7 号机组 31 号水冷壁管子弯头鳍片拉裂泄漏

将泄漏的两根弯头及左侧墙吹损减薄的三根弯管进行更换，共计 12 个焊口。

2. 原因分析

（1）近期机组深度调峰频繁，膨胀不均，在热应力下导致冷灰斗 1 号角水冷壁下弯头鳍片拉裂管子。

（2）安装鳍片焊接时存在应力集中现象，在疲劳应力作用下容易发生鳍片拉裂管子现象。

3. 防范措施

加强对鳍片焊接存在应力集中的部位检查，采取措施释放应力。

※ 案例 2　布连 2 号机组 2021 年 7 月 10 日锅炉包墙管泄漏

布连电厂一期工程为 2×660MW 超超临界燃煤空冷机组。2 号机组于 2013 年 6 月移交生产。锅炉为北京巴威公司生产的 B&WB-2082/28.0-M 型超超临界、直流锅炉。

1. 检查处理情况

尾部烟道侧包墙从前向后数第 1 根管泄漏，泄漏部位在密封片与包墙管内侧连接处。水平烟道后侧包墙从后向前数第 1 根管和前包墙从右向左数第 1 根管均被吹损泄漏；低温再热器水平段上层从右往左数第 1 排，从上往下数第 1 根管被吹损减薄。布连 2 号锅炉包墙泄漏位置示意图见图 D-2，侧包墙管鳍片拉裂泄漏图见图 D-3。

将上述泄漏及减薄超标管排进行割管更换。同时，将水平烟道后侧包墙与尾部烟道侧包墙之间的密封鳍片开膨胀缝，长度为泄漏点以上约 2m，膨胀缝的顶端打止裂孔；将水平烟道炉底管左、右侧第 2、3、4、5 间密封鳍片开膨胀缝，长度约 2m，膨胀缝的顶端打止裂孔。

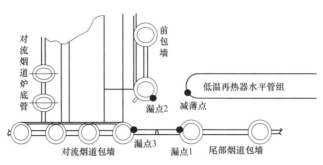

图 D-2　布连 2 号锅炉包墙泄漏位置示意图

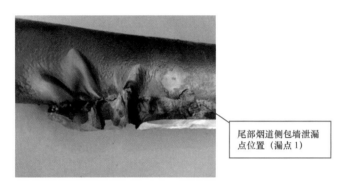

尾部烟道侧包墙泄漏点位置（漏点 1）

图 D-3　侧包墙管鳍片拉裂泄漏

2. 原因分析

锅炉水平烟道侧包墙和尾部烟道侧包墙、前包墙、水平烟道炉底管在此部位交汇，结构复杂，结构应力较大，存在应力集中区域。尾部烟道侧包墙和水平烟道侧包墙通过鳍片进行连接，局部鳍片焊接质量较差，机组启动过程中，此位置因结构差异导致膨胀存在偏差，炉底管膨胀使得结构应力进一步增大，应力作用于密封鳍片焊缝，经过多次启停，最终在应力集中区域焊接质量较差部位开裂。1 号、2 号锅炉此部位共发生 3 次泄漏。

3. 防范措施

（1）全面检查 2 号锅炉炉右竖井前侧包墙第 1 根管泄漏及周围管子吹损情况，对泄漏部位及吹损减薄管子全部进行更换，并确保检修质量。

（2）组织巴威锅炉厂、集团公司电科院专家及上级公司专家对炉管泄漏原因进行分析，提出彻底整改的措施，并在本次检修过程中严格执行，确保从根本上解决此问题，避免同类事故再次发生。

（3）对于不易通过宏观检查发现缺陷的部位或部件（如集箱管接座、包墙鳍片与炉管连接处等）增加表面无损探伤，尤其对出过问题的区域或部位进行重点检查或者复查。

※ 案例 3　濮阳热电 1 号机组 2021 年 4 月 1 日锅炉顶棚过热器泄漏

国能濮阳热电有限公司 1 号机组为 210MW 超高压中间再热凝气式供热氢冷机组，锅炉制造商东方锅炉厂，锅炉为超高压、一次中间再热、自然循环、单炉膛四角切圆燃烧、平衡通风、固态排渣、半露天全钢构架、"Π"形布置汽包锅炉。

1. 检查处理情况

顶棚过热器从左向右数第 28 排下层管泄漏，蒸汽泄漏后直吹相邻的第 29 排第 1 根低温再热器，造成再热器泄漏。濮阳热电 1 号锅炉顶棚过热器管鳍片拉裂泄漏图见图 D–4。

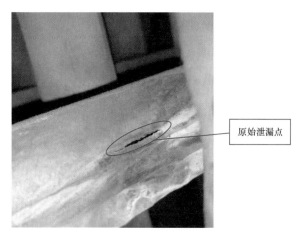

原始泄漏点

图 D–4　濮阳热电 1 号锅炉顶棚过热器管鳍片拉裂泄漏图

2. 原因分析

（1）下层顶棚过热器管为鳍片管，鳍片焊接时容易在沿焊缝方向存在拉应力，经过 15 年的启停炉过程中该位置已经产生较大的疲劳应力。

（2）机组频繁深度调峰及大范围负荷变动，要经常承受大幅度的温度变化，使该部产生交变热应力，应力集中进一步加剧产生裂纹，最终纵向撕裂造成泄漏。

3. 防范措施

（1）提前谋划制定机组运行小时数达到 10 万 h 的技术监督项目。

（2）研究深度调峰期间防止超温超压、升温升压降温降压过快的措施。

（3）每年两次供暖后和供暖前机组检查性检修期间进行锅炉防磨防爆检查。

（4）全面排查顶棚过热器鳍片管，对鳍片管焊缝及热影响区进行无损探伤。

※ 案例 4　大坝 5 号机组 2021 年 1 月 6 日锅炉水冷壁管泄漏

大坝 5 号发电机组为 600MW 亚临界直接空冷凝汽式燃煤机组，锅炉型号为 DG2070-17.5-Ⅱ6，为自然循环，前后墙对冲燃烧方式，单炉膛平衡通风，固态排渣锅炉，于 2009 年 4 月 28 日投产发电。

1. 泄漏检查处理情况

结合现场情况分析初始漏点为左侧墙第 132 根水冷壁管，后吹损密封塞块及左侧墙第 131 根水冷壁管，左侧墙第 131 根水冷壁管吹损相邻后墙斜坡第 1 根水冷壁管，共计换管 2 根，补焊 1 根。大坝 5 号锅炉水冷壁管密封塞块焊缝拉裂泄漏图见图 D–5。

图 D–5　大坝 5 号锅炉水冷壁管密封塞块焊缝拉裂泄漏图

2. 原因分析

水冷壁制造厂原始密封塞块焊接质量较差，焊缝存在咬边、气孔缺陷且水冷壁密封塞块突出，落渣冲刷密封塞块。水冷壁密封塞块与水冷壁管焊缝缺陷在运行中逐步发展扩大，直至水冷壁管泄漏。

3. 防范措施

将冷渣斗处水冷壁密封塞块及水冷壁管作为重点进行检查。

※ 案例 5　元宝山 4 号机组 2020 年 11 月 15 日锅炉前包墙过热器泄漏

元电公司 4 号发电机组为 600MW 亚临界机组，锅炉型号为 HG-2023 ／ 17.5–HM11，为四角切圆式、半干式链条除渣锅炉。

1. 检查处理情况

前包墙过热器从东到西数第 9、10 根管在标高约 65m 位置发生泄漏，两根管之间的间隙板已被吹损、缺失，第 6~8、11~13 根包墙过热器吹损减薄。延伸包墙过热器自下而上第 1、2 根在标高 65.1m，距炉右墙中心线约 1.3m 位置分别被吹损减薄漏泄。注：前包墙过热器垂直布置，延伸包墙过热器与水平面呈 25° 角布置。元宝山 4 号锅炉前包墙过热器管鳍片焊接缺陷开裂泄漏图见图 D–6，前包墙鳍片形式见图 D–7。

2. 原因分析

对吹扫痕迹的判断，原始漏泄部位为前包墙管第 10 根，材质 20G，规格 $\phi 57 \times 7mm$。原始漏点为第 10 根间隙板与母材焊接部位。管两侧均有间隙板，厚度 6mm，材质为 Q235-A，间隙板与管采用全自动焊接，且在出厂前完成。漏泄点位于间隙板与母材焊接处，因此分析该处存在焊接缺陷（气孔、未熔合、咬边等），随着机组运行缺陷逐渐暴露、发展，最终导致泄漏。

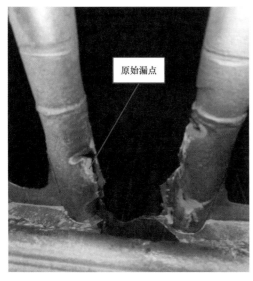

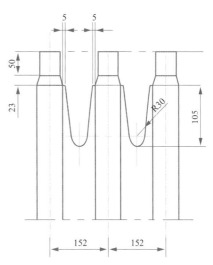

图 D-6　元宝山 4 号锅炉前包墙过热器管
鳍片焊接缺陷开裂泄漏图

图 D-7　前包墙鳍片形式

3. 防范措施

对包墙过热器原始安装间隙板与母材焊接部位进行打磨检测。

※ 案例 6　中卫 2 号机组 2020 年 8 月 18 日锅炉后烟井前包墙与右包墙连接部位泄漏

中卫 2 号热电机组为 2×350MW 超临界直接空冷双抽供热机组。锅炉型号为 DG1203/25.4– Ⅱ 4，为东方锅炉有限公司制造的超临界参数变压运行螺旋管圈直流炉、单炉膛、一次中间再热、前后墙对冲燃烧方式、平衡通风、紧身封闭、固态排渣、全钢悬吊结构 Ⅱ 形锅炉。

1. 检查处理情况

锅炉右侧 45.8m 低温再热器炉右拐角处，后烟井前包墙与右包墙连接部位泄漏。

2. 原因分析

（1）前包墙与右包墙夹角区域焊接应力较大，热态时应力释放不均匀，前包墙密封板与集箱、包墙管膨胀不一致，角部密封焊缝拉伸产生裂纹扩展至母材，造成泄漏。

（2）包墙密封板安装焊接工艺设计不合理，原设计方案为密封板与包墙管满焊，集箱、密封板与包墙管交汇处应力集中。

3. 防范措施

（1）更换泄漏包墙管，对泄漏部位密封板水平、垂直方向分别割开 50mm 应力释放缝。

（2）对 2 号炉后烟井包墙其他三个角进行检查处理，安排 1 号炉下次检修时对此部位检查处理。

（3）针对深度调峰、机组启停及负荷变化，加强汽温汽压的调整，尽量避免大幅波动。

※ 案例 7　中卫 2 号机组 2020 年 9 月 18 日锅炉水冷壁下集箱出口水平管泄漏

中卫 2 号热电机组为 2×350MW 超临界直接空冷双抽供热机组。锅炉型号为 DG1203/25.4–Ⅱ4，为东方锅炉有限公司制造的超临界参数变压运行螺旋管圈直流炉，单炉膛、一次中间再热、前后墙对冲燃烧方式、平衡通风、紧身封闭、固态排渣、全钢悬吊结构Ⅱ形锅炉。

1. 检查处理情况

捞渣机前墙右侧水冷壁下集箱出口水平管漏汽，停机消缺。

2. 原因分析

（1）锅炉设计为湿式固态排渣，密封水离水冷壁水平段距离较近，锅炉掉焦严重，密封水溅至水冷壁与鳍片处，此位置鳍片较宽（节距 165.1mm），热胀（冷缩）速率过快时鳍片伸长（缩短）量较大，冷热交替的条件下，水冷壁与鳍片的热应力无处释放，导致水冷壁与鳍片焊缝处开裂。

（2）机组参与深度调峰负荷短时间变化幅度较大，锅炉受热面热胀冷缩速率较大。

3. 防范措施

（1）对锅炉下集箱水平段所有管材进行着色检查，在密封水易溅到部位安装 2000mm×200mm×3mm 的挡水板。

（2）对水冷壁下集箱水平管段做金属组织分析，下次检修时对组织发生变化的管材在机组检修时更换。

（3）在下集箱宽鳍片沿焊缝处切割膨胀缝，膨胀缝起点在鳍片与挡渣帘固定板交界处，终点在弯头与垂直段交界处。

※ 案例 8　大武口 1 号机组 2020 年 6 月 21 日锅炉水冷壁泄漏

大武口 1 号机组为 330MW 亚临界、间接空冷机组。锅炉型号为 SG–1165/17.5–M743，系亚临界、一次中间再热、自然循环汽包炉，采用单炉膛Ⅱ形布置、平衡通风、冷一次风正压直吹式磨组、四角切向燃烧、直流燃烧器。

1. 检查处理情况

锅炉 2 号角左侧水冷壁与后墙斜坡水冷壁焊缝薄弱环节处存在裂纹，裂纹长度 3mm；对其相同部位的其他三个角处的灰斗斜坡与侧墙密封进行全面检查，未发现有膨胀应力造成密封板的变形、扭曲现象。大武口 1 号锅炉水冷壁管密封焊焊接缺陷开裂泄漏图见图 D–8。

更换泄漏的水冷壁。恢复密封时，焊口部位与侧墙密封采用耐火浇注料覆盖。

2. 原因分析

2020 年 5 月份 1 号机组 C 级检修期间，锅炉冷灰斗区域更换水冷壁管后墙 A 侧第一根管时，在焊接密封焊缝时，密封焊缝与管子焊缝交叉重叠，存在焊接应力，同时左侧水冷壁与后墙斜坡水冷壁运行时膨胀方向不一致，存在膨胀应力，在双重应力的叠加下，将焊缝薄弱环节处拉裂，裂纹长度 3mm，造成泄漏。

（1）换管工作高压管道焊接不合格，左侧墙水冷壁交叉处根部接头焊接质量不良。

（2）金属监督检验人员审核焊口拍片不认真，在射线底片上该处是盲区，影像重叠未暴露出缺陷，对焊接困难位置的焊缝质量验收把关不严。

图 D-8　大武口 1 号锅炉水冷壁管密封焊焊接缺陷开裂泄漏图

3. 防范措施

（1）在锅炉"四管"检修中，加强高压焊工培训和监理旁站，提高交叉处根部接头焊接质量。

（2）金属监督检验人员加强对焊口射线底片的质量把关。

※ 案例 9　绥中 1 号机组 2019 年 11 月 11 日锅炉水冷壁泄漏

绥中 1 号机组为 880MW 超临界、开式湿冷机组。锅炉型号为 ΠΠ-2650-25-545K T，系超临界、一次中间再热、直流锅炉，采用单炉膛 T 型布置、左右对冲燃烧、固态排渣。

1. 检查处理情况

A 侧顶棚水冷壁从后墙数第 29 根直管鳍片端部存在裂纹泄漏，将第 30 根弯管吹损，1 号机组停运。直管上的开裂裂纹为本次水冷壁漏泄的初始漏点，弯管外壁漏点是受来自直管泄漏的介质冲刷所致。直管上开裂裂纹及距其 10mm 左右的另一条裂纹均位于焊接鳍片收弧位置，焊肉与管壁之间形成明显夹角，鳍片在焊接收弧时存在处理不当问题。绥中 1 号锅炉顶棚水冷壁管鳍片开裂泄漏图见图 D-9。

2. 原因分析

（1）金相检验结果显示，管壁开裂为引起本次漏泄的初始原因，开裂机理属于疲劳开裂。其原因为自身重力、焊接残余应力、热应力、结构应力等多重因素共同作用而导致。

（2）防磨防爆检查不到位，尤其是对鳍片端部焊缝部位检查检查不够细致。

（3）鳍片焊接工艺重视程度不够，焊接工艺把关不严。

（4）对改造后锅炉顶棚水冷壁鳍片裂纹类缺陷认识不足，没有在焊接鳍片上开凿应力释放槽防范裂纹发展到管子上。

图 D-9 绥中 1 号锅炉顶棚水冷壁管鳍片开裂泄漏图

3. 防范措施

（1）对 A、B 两侧相同位置费斯顿Ⅲ穿顶棚位置水冷壁鳍片端部全部打磨着色检查。

（2）按锅炉防磨防爆检查管理制度受热面缺陷处理原则要求，所有鳍片焊接工艺必须等同于受检焊口。

（3）重点检查墙式受热面鳍片开裂应检查是否有加工/焊接不良导致的应力集中，通过开凿应力释放槽防范裂纹扩展到管子、打磨圆滑降低应力等方法加以处理。

（4）严禁强力对口，确保顶棚水冷壁总的变形量符合标准要求。

（5）水冷壁鳍片端部圆滑过渡质量进行严格监控。

※ 案例 10 准格尔 3 号机组 2019 年 11 月 26 日锅炉侧包墙泄漏

准电 3 号机组为 330MW 亚临界机组，锅炉型号为 B&WB-1018/18.44-M，为前后对冲、固态排渣锅炉。

1. 检查处理情况

检查发现 B 侧墙水冷壁和 B 侧水平烟道侧包墙过热器相邻的两根管均有漏点（共三处漏点），相邻顶棚过热器管有吹损痕迹。准格尔 3 号锅炉侧包墙管鳍片开裂泄漏图见图 D-10。

图 D-10 准格尔 3 号锅炉侧包墙管鳍片开裂泄漏图

2. 原因分析

B 侧墙水冷壁和 B 侧包墙过热器相邻的两根管用鳍片连接，由于水冷壁和包墙过热器两个管子材质及介质温度不同（水冷壁 $\phi 60 \times 6.5mm$，20G；包墙 $\phi 42 \times 6mm$，15CrMoG），膨胀系数不一致，两根管之间的鳍片处产生应力，在机组启停及变负荷过程中应力反复变化，导致鳍片和包墙过热器连接处因金属疲劳产生裂纹泄漏（第一漏点）。

3. 防范措施

（1）水冷壁和包墙过热器中间的鳍片修整为 U 形，并在 U 形底部开应力释放缝 20cm。

（2）在其他相邻的水冷壁和过热器之间的鳍片开应力释放缝 10~15cm。

※ 案例 11 大港 2 号机组 2011 年 1 月 17 日锅炉水冷壁泄漏

大港电厂 2 号机组为 328.5MW 亚临界、开式湿冷机组。锅炉型号为 SG1080/17.67-M866，系亚临界、一次中间再热、控制循环汽包炉，采用单炉膛、平衡通风、四角切圆燃烧、固态排渣、全钢悬吊结构、露天布置。于 1979 年 4 月投产。

1. 检查处理情况

水冷壁泄漏位置为 8 号吹灰器正下方水冷壁弯管起弧处（焊接鳍片部位），泄漏吹损 2 根水冷壁管，检修共换管 3 根。大港 2 号锅炉吹灰器水冷壁弯管鳍片开裂泄漏图见图 D-11，吹灰器水冷壁弯管鳍片开裂泄漏第一爆口见图 D-12。

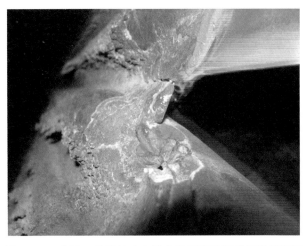

图 D-11　大港 2 号锅炉吹灰器水冷壁弯管鳍片开裂泄漏图

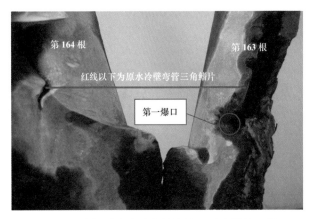

图 D-12　吹灰器水冷壁弯管鳍片开裂泄漏第一爆口

2. 原因分析

第一泄漏点为水冷壁 8 号吹灰器孔下端三角加强鳍片板背面与水冷壁弯管背弧交界处，向火面为鳍片遮挡，背面为密封盒与浇注料填充，位置如下图：

对右墙水冷壁第 163 根第一爆点周边进行表面探伤检查，发现细微可见裂纹。观察爆口处宏观形貌，检查发现鳍片背面焊接质量较差，存在大量咬边，且部分咬边较深、较尖锐。推断是水冷壁加工焊接鳍片过程中，单面焊接，电流过大，但背部融合情况较差，造成的恶性咬边。此处焊接咬边、坑孔中容易积累带有腐蚀性的积灰与杂质，且此处存在形变，容易形成应力集中。在腐蚀环境影响与周期性应力影响的联合作用下，在咬边的尖锐部分组织发生破坏，最终引起水冷壁管出现裂纹。腐蚀性积垢对裂纹的延伸与纵深发展起着重要的作用，积垢的容积大于金属，当受到周期应力中的压应力时，裂纹中的积垢能够阻止裂纹的闭合并且增加裂纹尖端的应力，且腐蚀生成的氧化物将继续楔入裂缝中，腐蚀与应力共同作用，迅速导致裂纹的纵深向发展，最终导致水冷壁失效。

本次水冷壁泄漏是由于爆口位置的焊接缺陷，凹坑中存在具有腐蚀性杂质，最终造成在缺陷尖锐部分产生腐蚀疲劳断裂。存在应力集中与热膨胀受阻是裂纹出现的外部原因，而积垢的堆积产生氧化腐蚀则是裂纹出现的内在原因，两者共同作用形成的腐蚀疲劳断裂则是造成本次水冷壁失效的根本原因。

3. 防范措施

定期更换水冷壁吹灰器孔的弯管，保障吹灰器弯管处金属性能。并保证吹灰器孔上、下端三角加强鳍片与水冷壁焊接焊缝的焊接质量。

※ 案例 12　太仓 7 号机组 2013 年 2 月 20 日水冷壁前墙下集箱引出管泄漏

太仓 7 号机组为 630MW 超临界机组。锅炉型号为 SG-1943/25.4-M950，系超临界、一次中间再热、四角切圆燃烧、固态排渣锅炉。

1. 检查处理情况

水冷壁下联箱引出管之间的宽鳍片开裂，裂纹扩展撕裂母材泄漏。太仓 7 号锅炉水冷壁下集箱宽鳍片开裂扩展撕裂母材泄漏图见图 D-13。

图 D-13　太仓 7 号锅炉水冷壁下集箱宽鳍片开裂扩展撕裂母材泄漏图

2. 原因分析

水冷壁下联箱引出管宽鳍片冷却不足，温差过大产生裂纹，并最终扩展至管子。

3. 防范措施

切割全部 94 根宽鳍片，打磨圆滑过渡消除应力集中，打磨鳍片端部与管壁焊缝后着色检验，对发现的 15 处裂纹、24 处夹杂予以消除后打止裂孔。

※ 案例 13　太仓 8 号机组 2015 年 2 月 28 日前包墙管泄漏

太仓 8 号机组为 630MW 超临界机组。锅炉型号为 SG-1943/25.4-M950，系超临界、一次中间再热、四角切圆燃烧、固态排渣锅炉。

1. 检查处理情况

前包墙过热器悬吊管接口处鳍片开裂，裂纹扩展到管子撕裂母材泄漏。太仓 8 号锅炉水冷壁前包墙鳍片开裂扩展撕裂母材泄漏图见图 D-14。

图 D-14　太仓 8 号锅炉水冷壁前包墙鳍片开裂扩展撕裂母材泄漏图

2. 原因分析

（1）前包墙过热器管为上下单根长管系，受气流扰动、管子固有振动频率的作用，存在长周期振动，产生较大应力。

（2）前包墙过热器管在下部炉墙接口处开止裂孔，止裂孔距管子近端是应力集中部位。

（3）炉膛压力大幅正压波动且定位管夹脱落时，发生共振现象，共振应力与固有应力叠加作用在应力集中部位，造成前包墙过热器拉稀管管子裂纹、扩展。

3. 防范措施

（1）在再距顶棚 6m、8.5m 处分别加装一层定位管卡，消除前包墙过热器管的振动。

（2）对损坏及膨胀缝不规范的端部鳍片进行割除；并安装新鳍片且机械切割膨胀缝及止裂孔，位于鳍片中部。

※ 案例 14　绥中一期俄制锅炉顶棚水冷壁鳍片裂纹扩展泄漏

绥中一期机组为 2×880MW 超临界、开式湿冷机组。锅炉型号为 ПП-2650-25-545K Т，系超临界、一次中间再热、直流锅炉，采用单炉膛 Т 型布置、左右对冲燃烧、固态排渣。

1. 检查处理情况

2015 年至 2016 年间，绥中一期俄制锅炉发生多次顶棚水冷壁穿墙管处裂纹，吹损受热面泄漏停机事件，腮管、屏 1、费斯顿Ⅲ等穿顶棚处泄漏频繁发生。绥中一期锅炉顶棚水冷壁管鳍片开裂扩展撕裂母材泄漏图见图 D-15。

图 D-15　绥中一期锅炉顶棚水冷壁管鳍片开裂扩展撕裂母材泄漏

2008 年检修时发现锅炉顶棚下陷最深处约 600mm，2014 年燃烧器改造后，炉膛火焰中心上移使顶棚水冷壁工作环境更为恶化，泄漏事件增多。

2. 原因分析

（1）顶棚水冷壁下沉，形成应力集中区域，穿顶棚让管处的弯管与直管间产生裂纹伤及水冷壁管母材。

（2）鳍片安装焊接工艺不合理，管子焊口处的鳍片安装采用单面焊接，对焊口产生应力。

（3）强制通风冷却，薄弱部位应力增加。

（4）燃烧器改造后，火焰中心上移使顶棚下部温度场发生变化。

3. 防范措施

（1）制定温度、压力控制运行措施，减缓鳍片裂纹的扩展。

（2）检修执行逢停必检，依据工期最大范围检查顶棚水冷壁鳍片裂纹情况，采取圆滑鳍片端部消除应力、开应力释放槽、止裂孔等措施，减缓裂纹扩展，防止扩展到管子母材。

（3）列为公司级重大隐患，对 1、2 号锅炉实施了更换顶棚水冷壁重大技改。

（二）受热面高温蒸汽氧化腐蚀

锅炉高温过热器、高温再热器氧化皮脱落堵塞管子通流，造成过热爆管事件频繁发生，对安全生产构成较大威胁。对于当前锅炉受热面的管材应用，管内壁氧化皮产生、剥落难以避免。内壁氧化膜结构状态、厚度、氧化膜与基体结合力、内外层氧化膜间孔隙率等是氧化皮剥落的内因；由于温度变化速率导致氧化膜与基体之间以及内外层氧化膜之间的应力是外因；外因通过内因起作用。通过各种技术措施可以减少或杜绝氧化皮剥落造成爆管事件。

按西安热工院研究结果，各种管材内壁氧化皮剥落最小厚度和临界厚度及受热面氧化皮清洗条件见表 D-1。

表 D-1　各种管材内壁氧化皮剥落最小厚度和临界厚度及受热面氧化皮清洗条件

材质	脱落最小氧化皮厚度（mm）	脱落平均氧化皮厚度（mm）
12CrMoV	0.22	0.32

续表

材质	脱落最小氧化皮 厚度（mm）	脱落平均氧化皮 厚度（mm）
T23	0.17	0.21
T91	0.16	0.185
TP347H	0.07	0.092

上述数值适用于管子内壁氧化皮结合状态良好的情况，如分析认为管子内壁氧化皮结合状态不良，上述建议值应进一步减小。

机组发生氧化皮爆管事件，从运检方面主要有以下原因。

（1）检修中未对下弯头进行氧化皮堆积检查，堆积氧化皮清理不净等。需继续探索氧化皮清理措施。

（2）检修中未对氧化皮厚度进行取样送检，未掌握氧化皮状态，失去治理机会。

（3）停炉过程壁温大幅度变化，包括一、二级减温水使用不当、停炉吹扫过长、通风冷却过早及冷却速度过快等。停炉后未进行停炉曲线分析，包括滑停时汽温、壁温变化幅度，停炉后烟温变化幅度。未及时发现异常，未进行氧化皮脱落检查。

（4）启动过程壁温大幅度变化，包括升温升压速度过快、一二级减温水使用不当等，使氧化皮集中脱落。

（5）未能及时发现受热面壁温偏差过大，未能采取有效措施加以控制，导致管壁超温短时过热爆管。

（6）化学加氧控制不合理。

※ 案例 1　中卫 2 号机组 2021 年 11 月 12 日高温过热器泄漏

中卫热电 2 号发电机组为 350MW 超临界空冷燃煤机组。锅炉型号为 DG1203/25.4-Ⅱ4，系超临界、单炉膛、一次中间再热、前后墙对冲燃烧方式、平衡通风、紧身封闭、固态排渣、全钢悬吊结构 Ⅱ 形、变压运行螺旋管圈直流锅炉。于 2016 年 11 月投产。

1. 检查处理情况

检查确认，高温过热器炉左至炉右第 2 屏、炉后向炉前第 3 管圈（标高位置约 53m）背火侧爆管。爆口位置管材规格 $\phi 45 \times 7$，材质 SA213-T91。爆口下方 100mm 处有异种钢焊口，下方管材规格 $\phi 45 \times 8.5$，材质 SA213-TP347H。爆口呈开放形喇叭状，爆口尺寸 52mm×35mm，从爆口形状及管子外观分析后，符合短时过热爆管特征。割除泄漏管后对内部检查，发现有氧化皮脱落迹象，敲击后有大量氧化皮脱落。泄漏管 TP347H 管材共计清理出氧化皮 166g。中卫 2 号锅炉高温过热器氧化皮脱落过热爆管见图 D-16。

（a） （b）

图 D-16 中卫 2 号锅炉高温过热器氧化皮脱落过热爆管

（a）爆口形貌；（b）爆管现场照片

2. 原因分析

（1）高温过热器选用国产 TP347H 管材，该材质抗氧化性能差，氧化皮生成速度是 TP347HFG 材质的 3 倍，运行 2 万 h 后，易出现大面积脱落。

（2）机组启动初期，管子的温度变化幅度最大的，管内的氧化皮也容易剥落，加之启动初期蒸汽流量较小，不能迅速将剥落的氧化皮带走，大流量时氧化皮已经在管径较小的弯头处堵塞，引起管子超温。

（3）炉高温过热器运行中存在超温情况，加速氧化皮的生成，氧化皮膨胀系数约为 $0.9 \times 10-6$，钢材膨胀系数约为 $1.9 \times 10-6$，由于热膨胀系数不同，当氧化皮达到一定厚度后，在温度发生反复或剧烈变化时，造成氧化皮剥落。

（4）机组暖机过程中，因主汽温度与冲转参数偏差过大，远高于冲转温度要求。投入减温水（一级减温水 3.2t/h，二级减温水 2.2t/h），左侧高温过热器入口汽温 8min 下降 39℃，温降速率 4.8℃/min，高温过热器第 2 屏第 1 根管圈金属壁温测点 11m 下降 13℃，温降速率 1.18℃/min。

（5）机组并网启动 2A 磨煤机，由于汽温上升较快，投入减温水（一级减温水 19.5t/h，二级减温水 5.7t/h），左侧高温过热器出口汽温 13min 下降 33℃，温降速率 2.53℃/min，高温过热器第 2 屏第 1 根管圈金属壁温测点 13min 下降 42℃，温降速率 3.23℃/min。金属壁温短时间波动，可能引起氧化皮脱落。

3. 防范措施

（1）主汽温低于 450℃前不得投入减温水，机组负荷低于 35MW 时避免使用二级减温水。

（2）完善受热面检修台账，建立管道磨损、腐蚀预警机制，对检查发现氧化皮堆积厚度达到 25% 的管段，应进行割管分析处理。

（3）进行高温过热器 T91、TP347H 管材升级改造可行性研究。

※ 案例 2　大坝 8 号机组 2020 年 10 月 4 日锅炉分隔屏过热器泄漏

宁夏大坝电厂四期发电有限公司 8 号发电机组为 660MW 超超临界燃煤机组，于 2019 年 04 月 30 日投产。

锅炉为哈尔滨锅炉厂制造，型号 HG-1925/29.3-YM8。主/再热蒸汽流量 1925/1619 t/h，主/再热蒸汽出口压力 29.3/5.41MPa，主/再热蒸汽温度 600/620℃，四角切圆燃烧方式。过热器为低温过热器、分隔屏过热器、末级过热器三级布置。

1. 检查处理情况

炉膛检修平台组装完成后，检查确认分隔屏 3-5-3 炉前侧管子（壁温测点编号第三分屏 No55）在标高 63m 处爆开，管子材质 SA-213TP347HFG，规格 ϕ44.5×7mm。

爆口管内壁有氧化皮剥落痕迹，西安热工院检测出爆口管出口段氧化皮厚度为 54μm。大坝 8 号锅炉分隔屏过热器氧化皮脱落过热爆管见图 D-17。

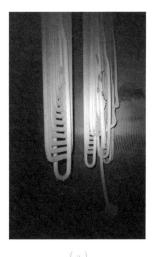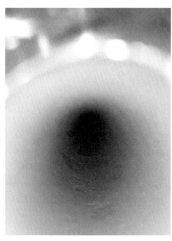

（a）　　　　　　　　　　（b）　　　　　　　　　　（c）

图 D-17　大坝 8 号锅炉分隔屏过热器氧化皮脱落过热爆管

（a）爆管现场照片；（b）分隔屏 3-5-3 管内壁状态；（c）分隔屏 4-5-4 管内氧化皮

2. 原因分析

分隔屏过热器 3-5-3 管壁氧化皮脱落后堆积在弯头处，导致管内蒸汽流量减少，管子短期过热爆管，机组停运。

（1）9 月 18 日机组停运后部分时段锅炉烟温下降过快，烟温降幅偏大，2h 烟温下降 111℃，导致屏式过热器管屏氧化皮脱落堆积。

（2）管壁温度报警设置不合理。根据机组调试选取了 200 个高温点作为报警点，未能将所有管壁温度纳入超温报警，管壁温度异常未及时发现。

3. 防范措施

（1）严格控制升温、升压及降温速率，防止氧化皮脱落堵塞蒸汽管道导致超温，落实

"控非停"措施。

（2）完善壁温监测手段。目前已增加分隔屏重点区域壁温测点声光报警，增加水冷壁、分隔屏、末级过热器、末级再热器等壁温上升趋势监控。后期通过增容解决壁温测点不足、报警点不足的问题。

（3）对分隔屏过热器、末级过热器、末级再热器底部所有弯头进行磁通量检查，发现异常割管清理氧化皮。

※ 案例 3　布连 2 号机组 2018 年 4 月 9 日锅炉高温过热器超温停机

国电建投布连电厂 2 号机组为超超临界燃煤空冷机组，锅炉为北京巴威公司生产的 B&WB-2082/28.0-M 型超超临界参数、螺旋炉膛、一次中间再热、紧身封闭直流锅炉。

1. 检查处理情况

（1）对超温管圈的检查处理。

高温过热器位于折焰角上方，顺列布置，由外径 ϕ44.5、壁厚 6.5 ~ 9mm、材质为 SA-213TP347H、S30432 和 SA-213TP310HCbN 的钢管，以及外径 ϕ51，壁厚 11mm，材质为 SA-213T92 的钢管组成，横向节距 600mm，18 管圈并绕，沿炉宽方向共有 38 片。

停炉冷却后，对超温管圈进行宏观、测厚、涨粗检查，均未发现异常。同时对此管圈进出口弯头进行氧化皮检测，检测数值明显高于相邻管圈，结合 X 光拍片检测，发现此管圈入口弯头部位氧化皮堆积量超过流通面积的 60%，出口弯头部位已经堆满氧化皮。布连 2 号锅炉高温过热器氧化皮脱落 X 光检测见图 D-18。布连 2 号高温过热器弯管处氧化皮（材质 TP347H）见图 D-19。

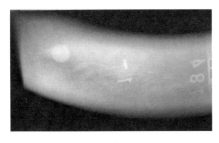 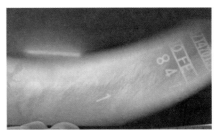

（a）　　　　　　　　　　　　　　　（b）

图 D-18　布连 2 号锅炉高温过热器氧化皮脱落 X 光检测

（a）高温过热器第 33 排第 12 根进口弯头 X 光检测；（b）高温过热器第 33 排第 12 根出口弯头 X 光检测

考虑到此管圈超温且氧化皮生成及剥落情况较严重，对管材的寿命有较大影响，同时结合国电电科院及巴威锅炉厂相关专家的意见，决定对此管圈除入口段顶棚上方外的其他部位全部进行更换，更换管圈全部采用材质为 SA-213TP310HCbN（HR3C）的管材。

将此管圈不同部位，不同材质分别取样送往国电电科院进行金相、力学性能、内壁氧化情况等相关检测。

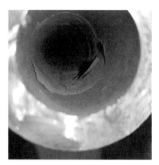

图 D-19　高温过热器第 33 屏第 12 根管弯管处氧化皮（材质 TP347H）

（2）超温管圈氧化皮情况分析。

割管后从底部弯管部位共清理出氧化皮 97.2g。同时顺着蒸汽流动方向对此管圈内壁氧化皮情况进行观察分析，入口一（处于蒸汽温度相对低的区域）氧化皮已经生成基本未剥落，入口二（处于蒸汽温度中间的区域）氧化皮明显剥落，入口三（处于蒸汽温度相对高的区域）氧化皮大量剥落，出口段（包括出口一、出口二）氧化皮基本都已经剥落完，出口三由于所使用的材质为 SA-213TP310HCbN，内壁未见较厚的氧化皮层，未见氧化皮剥落情况。由此可见顺着气流方向，随着蒸汽温度升高，TP347H 材质中氧化皮生成及剥落速度加快，同时 SA-213TP310HCbN 材质的高温抗氧化性能明显强于 TP347H 材质。

（3）对其他高温受热面的检查处理。在机组启停过程中，更容易引起炉管内氧化皮的脱落，因此本次对 2 号锅炉高温过热器、高温再热器、后屏过热器弯管部位全部进行氧化皮检测。检测方法为氧化皮检测仪结合 X 光拍片检测。布连 2 号其他高温受热面氧化皮射线检查情况见图 D-20。

（a）　　　　　　　　（b）　　　　　　　　（c）

图 D-20　布连 2 号其他高温受热面氧化皮射线检查情况
（a）后屏过热器第 7 排第 22 根弯头；（b）高温再热器第 78 排第 6 根弯头；
（c）高温过热器第 26 排第 36 根弯头

对高温再热器全部弯头共计 2244 个进行检测，对高温过热器全部弯头共计 1368 个进行检测，后屏过热器全部弯头共计 988 个进行检测。参考《锅炉奥氏不锈钢管内壁氧化物堆积磁性检测技术导则》（DL/T 1324—2014），结合 X 光拍片结果决定对高温再热器氧化皮堵塞面积超过 30% 的进行割管清理，对高温过热器和后屏过热器氧化皮堵塞面积超过 20% 的进行割管清理。

此外，对高温过热器及后屏过热器管圈中使用材质为 S30432（super304)，但检测值超标的管排进行割管检查，发现管内壁未见明显的氧化皮生成及脱落现象。由此可以确定，S30432（超级304）材质的高温抗氧化性能明显强于 TP347H 材质，此部位氧化皮是锅炉在启动时氧化皮冲洗过程中，从前面系统中由蒸汽携带而来。

2. 原因分析

（1）锅炉在启动过程中由于温度变化管排内壁的氧化皮脱落，堆积到弯头部位，导致蒸汽流通量减少，管壁温度升高。由于在机组检修过程中对高温过热器氧化皮进行全面检查，并对堆积量多的管排进行割管清理，所以排除在锅炉点火前已经堆积严重的情况。

（2）在启机过程中对锅炉受热面进行氧化皮吹扫，吹扫过程中由于吹扫压力不足或者吹扫次数控制不合适，导致系统内的氧化皮堆积到该管圈弯头部位，导致蒸汽流通量减少，管壁温度升高。

3. 防范措施

（1）本锅炉已达氧化皮脱落高峰期，对锅炉受热面氧化皮应该"逢停必检"，对堆积情况较严重的弯管及时进行割管清理，保证蒸汽流动畅通，防止启炉过程中发生爆管。

（2）严格控制运行温度，保证锅炉在运行过程中的温度不超过设计值。

（3）建议分批次对我厂锅炉受热面使用的材质为 TP347H 的管道进行更换，更换为抗氧化性较强的 S30432 或 HR3C 材质管道。

※ 案例 4　舟山 4 号机组 2015 年 11 月 23 日高温过热器氧化皮脱落爆管

舟山 4 号机组为 350MW 超临界直流锅炉。系超临界参数变压运行螺旋管圈直流炉，单炉膛、一次中间再热、四角切圆燃烧方式、平衡通风、Ⅱ形露天布置、刮板捞渣机机械除渣装置、全钢架悬吊结构锅炉。

1. 检查处理情况

（1）2015 年 7 月 10 日舟山 4 号机组极热态启动，并网 3h 后，高温过热器 52 屏 7 号管、39 屏 1 号管金属壁温大幅偏高（分别高 100℃、80℃），降主汽降温度 500℃，保证金属壁温不超报警值，连续运行。机组由于其他原因转临时检修，高温过热器、高温再热器下弯头及出口段均为 TP347HFG（未喷丸），累计运行近 7000h。对高温过热器 68 排 ×10 根，全部割管清理；高温再热器 27 排 ×15 根，割管 21 根清理；屏式过热器 22 排 ×15 根，割管 4 根清理。

取样送检，T91 材质炉管内壁相对较为洁净，TP347HFG 材质炉管内壁局部有块状氧化皮剥落现象，氧化皮厚度小于 0.01mm 呈易碎末状。舟山 4 号高温过热器氧化皮堆积及脱落情况见图 D-21。

（2）2015 年 11 月 23 日末级过热器右数 19 排炉后侧第 2 根直管异种钢焊缝上部 T91 管段爆管。舟山 4 号高温过热器氧化皮过热爆管见图 D-22。

 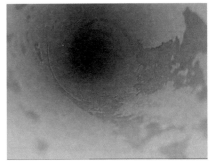

（a）　　　　　　　　　　　　　　　　（b）

图 D–21　舟山 4 号高温过热器氧化皮堆积及脱落情况

（a）高温过热器氧化皮堆积情况；（b）高温过热器内壁氧化皮脱落情况

图 D–22　舟山 4 号高温过热器氧化皮脱落过热爆管

2. 原因分析

管子内壁氧化皮在 7 月份清理时仍然未剥落完全，残余氧化皮在运行中发生脱落。

3. 防范措施

（1）加强机组运行过程中的壁温数据监控，增设壁温测点。

（2）坚持逢停必检的原则，即停机时检查氧化皮的脱落情况和管材的取样工作。

※ **案例 5　太仓 7、8 号机组 2009 年末级过热器、末级再热器氧化皮脱落爆管**

太仓 7、8 号机组均为 630MW 超临界机组。锅炉型号为 SG–1943/25.4–M950，系超临界、一次中间再热、四角切圆燃烧、固态排渣锅炉。

1. 检查处理情况

（1）2007 年 6 月 22 日，8 号炉末级过热器发生第 59 屏 11 号、69 屏 9 号管分别发生氧化皮堵塞爆管。截止爆管时机组累计运行 10378h，总计启停各 41 次，其中投入商业运营前启停各 25 次。

（2）2009 年 2 月 6 日，7 号炉在启动后运行 72h 内末级过热器第 19 屏 12 号管发生氧化皮堵塞爆管。截止爆管时机组累计运行 21935h，总计启停各 38 次，其中投入商业运营前启停各 17 次。

（3）2009年10月7日。7号炉末级过热器热段第9屏第12管U形弯最内圈的出口侧直管段爆管，材质为T91。机组运行累计26418h，爆管的T91管内壁氧化皮厚度0.3mm。

（4）2009年10月14日，7号机组并网后运行48h内发生末级过热器热段、第71屏第4号管出口侧直管段氧化皮爆管，材质为T91。

（5）2009年11月19日，8号机组末级过热器出口热段第67屏第6号管爆管，出口侧直管段，材质为T91。

（6）2009年10月22日，8号机组临检中发现锅炉末级再热器有62根管存在氧化皮需清理。

（7）2009年12月1日，8号炉高温再热器第29屏第18号管爆管，材质为T23。

（8）2009年12月29日，8号炉末级再热器第29屏第18根U形弯头出口侧直管段泄漏爆管。

2. 原因分析

（1）T23管材抗氧化皮性差，氧化皮生成速度快。启停过程中温度变动使氧化皮集中剥落。

（2）末级过热器热段入口T23氧化皮脱落堆积堵塞下弯头，导致热段出口T91管材过热爆管；末级再热器上游管段T23氧化皮脱落堆积堵塞下弯头，导致下游高温管段长期超温爆管。

3. 防范措施

（1）制定、执行防控氧化皮集中脱落措施，加装金属壁温测点、锅炉降参数运行。

（2）对末级过热器热段管材进行升级。T23在末级过热器热段全部升级，壁温高于595℃的T91全部使用TP347HFG管材。

（3）对全部末级再热器管材升级，方案同上。

（4）采用磁通量、射线等检测氧化皮堆积，割管清理氧化皮。

※ 案例6 亚临界600MW机组锅炉高温受热面氧化皮

宁海2号、台山1号、定州1号机组为上海锅炉厂生产，型号为SG-2026/17.5-M，亚临界压力一次中间再热控制循环汽包炉。锅炉采用摆动式燃烧器调温，四角布置、切向燃烧，正压直吹式制粉系统、单炉膛、Ⅱ形露天布置、固态排渣、全钢架结构、平衡通风。

1. 检查处理情况

（1）宁海2号。2011年10月C204检修，累计运行44600h，发现后屏大量氧化皮。后屏过热器25屏共925只下弯头，87只超标氧化皮弯头。第5屏第19根弯头，单片厚度约0.15mm。氧化皮称重约73.56g。宁海2号后屏过热器氧化皮堆积情况见图D-23。

2015年2月21日并网，2月22日机组并网16h后，后屏过热器第8屏第20号管因氧化皮脱落堵管超温爆管。同时发现第19屏第20号管也有胀粗，检查管内氧化皮重430克、氧化皮厚度为0.22~0.24mm。宁海2号后屏过热器氧化皮脱落过热爆管见图D-24。

按后屏过弯头堆积超标氧化皮统计	
材质	数量
TP347	5
T91	2
12Cr1MoVG	80
共有 87 处后屏过管弯头内堆积氧化皮超过 20%（含 20%）	
按后屏过管子堆积超标氧化皮统计	
材质	数量
TP347	5
T91	2
12Cr1MoVG	78
共有 85 只后屏过管了内堆积氧化皮超过 20%（含 20%）	

图 D–23　宁海 2 号后屏过热器氧化皮堆积情况

图 D–24　宁海 2 号后屏过热器氧化皮脱落过热爆管

（2）台山 1 号。

第一次：2012 年 2 月 15 日 C 修后并网，16 日后屏过热器从右墙数第 7 屏下数第 3 根后侧弯头直管段上部爆管，材质 T91。台山 1 号后屏过热器氧化皮脱落过热爆管见图 D–25。

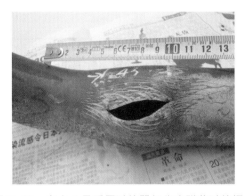

图 D–25　台山 1 号后屏过热器氧化皮脱落过热爆管

第二次：2 月 20 日并网，2 月 21 日后屏过热器右数第 6 排第 19 号管子后弯头向上直管段泄漏，材质 12Cr1MoV。台山 1 号后屏过热器氧化皮脱落过热爆管见图 D–26。

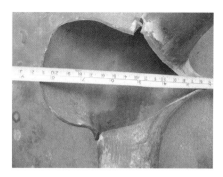

图 D-26　台山 1 号后屏过热器氧化皮脱落过热爆管

第三次：11 月 14 日，末级过热器第 64 屏向火侧第 4 根直管氧化皮堵塞爆管泄漏，管材材质为 T91。台山 1 号末级过热器氧化皮脱落过热爆管见图 D-27。

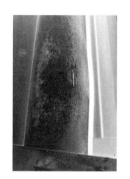

图 D-27　台山 1 号末级过热器氧化皮脱落过热爆管

（3）定州 1 号炉。

2013 年 2 月 18 日并网，同日后屏过热器左数第 17 屏第 13 管背火侧的向火面爆开，材质 12Cr1MoV。该管有微过热，管内氧化皮厚度为 0.25mm，是其他管子的 2 倍。

2015 年 3 月 11 日机组并网 29h 后，后屏过热器左数 20 屏第 19 号管氧化皮脱落堵管超温爆管泄漏，管材材质为 12Cr1MoVG。定州 1 号后屏过热器氧化皮脱落过热爆管见图 D-28。

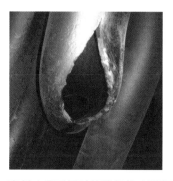

图 D-28　定州 1 号后屏过热器氧化皮脱落过热爆管

2. 原因分析

（1）后屏过热器、末级过热器氧化皮集中剥落。后屏 12Cr1MoVG 的管材，氧化皮厚度为 0.208~0.296mm，达到脱落最小厚度；后屏 T91 的材质氧化皮厚度 0.12 ~ 0.18mm，达到脱落最小厚度。

（2）在机组停机、启机过程中，减温水使用不当使管壁温大幅度波动，超过 8.4 ~19℃/min 时，氧化皮发生脱落。

3. 防范措施

（1）采用磁通量、射线等方法检测氧化皮堆积，割管清理氧化皮及内窥镜检查等。

（2）宁海 1、2、3、4 亚临界锅炉后屏管排弯头及热段管材升级为 T91。

（3）台山 1 号炉和定州 1 号炉加装金属壁温测点。实施过热器氧化皮催化柠檬酸酸洗。

※ 案例 7　亚临界 300MW 机组锅炉高温受热面氧化皮

滦河热电有限公司 3 号机组锅炉为上海锅炉厂有限公司设计制造，型号为 SG-1025/18.55-M727 型，固态排渣煤粉炉。

天生港 1 号机组容量 330MW，为亚临界锅炉，2005 年 3 月投产。

国电驻马店热电 2×330MW 亚临界湿冷供热机组，锅炉型号为 SG-1117/17.5-M749，亚临界压力一次中间再热自然循环汽包炉，2011 年 4 月投产。

1. 检查处理情况

（1）承德（滦河）3 号炉。

2018 年 1 月 13 日检查确认末级过热器第 21 排第 4 根下部弯头上方迎火侧发生爆漏（此为第一漏点），先将 21 排第 3 根吹损泄漏后，爆漏冲击力使第 21 排管排整体弯曲后移，插入后烟井前墙，将末级过热器第 18 排第 15、16 根，第 19 排第 15、16 根相继吹损泄漏，第 20 排第 11~16 根、19 排第 14 根、18 排第 14 根、17 排第 14~16 根吹损减薄。以上吹损和泄漏管子全部进行了更换。

第 22 排第 15、2 根大罩壳内与出口集箱连接管超温变色。在对 20、22 排 U 形弯进行采样检查时发现大量氧化皮，已构成大量脱落造成堵管的条件；对 U 形管割管检查后恢复，共 50 道焊口。承德 3 号末级过热器氧化皮脱落过热爆管见图 D-29。

图 D-29　承德 3 号末级过热器氧化皮脱落过热爆管

（2）天生港1号炉。

1）2018年6月28日泄漏。末级过热器东起第41排炉前向炉后起第3只下弯头爆管，管排向炉后方向弯曲变形，第40、41排共有5根过热器管吹损。爆管及吹损管子规格 $\phi51\times6.5mm$，材质T91。更换爆管、吹损及变形的管子共29根。

末级过热器、后屏过热器所有下弯头拍片检查，氧化皮堆积高度超过10mm的割管清理；过热器管内壁内窥镜检查，发现氧化皮有脱落和残留。

2）2018年7月29日泄漏。末级过热器东起第40排炉前外向内第3圈下弯头向上约500mm处爆管泄漏，第40排炉前外向内第2圈和第39排炉前外向内第2圈下弯头上方吹损泄漏，爆管及吹损管子规格 $\phi51\times6.5mm$，材质T91。更换泄漏及吹损的管子10根。

末级过热器东起第36~46排下弯头拍片检查，无氧化皮堆积现象。末级过热器3只下弯头割管检查，弯头内无氧化皮堆积。末级过热器割开的管口用内窥镜检查管子内部，内壁氧化皮有脱落和残留。

（3）驻马店热电2号炉。

2018年1月07日，进入锅炉内部进行检查，确定末级过热器前屏第41排（过热器总共81排）、北数第3根管子的迎火侧下弯管上方直管段处（距弯管上部360mm），该管材质为SA213-T23，规格为 $\phi51\times7$ mm，爆口沿管子纵向且在横断面的斜前方分布，爆开长度10mm，爆开宽度3mm，爆口周围有明显细纹，具有典型的长期过热超温爆管特征，管子内壁存在大量氧化皮，对附近管子下弯头进行射线探伤，下弯头氧化皮堆积不明显。末级过热器第41排北数第1~3根吹爆；东数第40排北数第1、2根吹爆；东数第39排北数第1根吹爆。末级过热器处延伸侧墙下集箱上表面和管接头吹损。驻马店热电2号末级过热器氧化皮脱落过热爆管见图D-30。

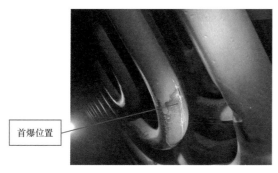

图 D-30 驻马店热电2号末级过热器氧化皮脱落过热爆管

将末级过热器出口集箱与第41排第三根管子连接部位管座焊口切开检查，发现管子内氧化皮积满。

将末级过热器41排第一圈、第二圈、42排第一圈、第二圈、43排第一圈弯头部的SA213-T23材质管子全部割除，更换共五根材质SA213-T91规格为 $\phi51\times7mm$ U形弯的新管子。对首爆 41 排第三圈于高温过热器进出口联箱管座焊缝处做封堵处理。

抢修过程中切开第 41 排外三圈弯头发现管子内大量氧化皮聚集，将氧化皮重新装回到弯头内，射线检测，发现氧化皮堵塞管径近 2/3。驻马店热电 2 号末级过热器氧化皮射线检测图片见图 D-31。

图 D-31　驻马店热电 2 号末级过热器氧化皮射线检测

扩大检查范围，对爆管第 41 排周围高温过热器弯头射线检测：40 排高温过热器进口外 3、外 4，40 排高温过热器出口外 1~ 外 4，39 排高温过热器出口外 3、外 4，39 排高温过热器进口外 3，42 排高温过热器进口外 3，43 排高温过热器进口外 3、外 4，共计 12 个弯头，均未发现内部有脱落的氧化皮。在切除 41 排外 3 管子时发现大包内高温过热器出口处管子内氧化皮堵塞管子，对 40 排同样位置射线检测，未发现有脱落的氧化皮。

2. 原因分析

（1）承德 3 号炉。

与泄漏管排相邻的第 22 排第 2 根管子 DCS 记录运行中存在超温现象，本次泄漏的第 21 排无壁温测点，因此判断末级过热器管子长期超温是本次泄漏的主要原因。泄漏管子为 SA213-T23 材质，超温易造成管子内壁氧化，内部氧化皮脱落堆积使管子堵塞，蒸汽流通不畅使管子短期过热造成本次泄漏。

（2）天生港 1 号炉。

1）6 月 28 日泄漏：氧化皮脱落，造成通流面积减小，引起短期超温过热爆管。机组运行 8 万 ~10 万 h 后，锅炉高温受热面内表面产生氧化皮，在一定条件下会发生氧化皮脱落。

2）7 月 29 日泄漏：为 6 月 28 日氧化皮脱落的延续，抢修时虽对残留氧化皮进行了割管清理，机组再次启动后又有少量氧化皮脱落积聚，堵塞管内通道但未完全堵塞，引起管内蒸汽流量减少，造成相对长期超温过热爆管。

（3）驻马店热电 2 号炉。

1）末级过热器管屏入口前屏管子材质为 SA213-T23，此种材料抗氧化能力相对较低，末级过热器属于锅炉高温介质受热面，管子内壁在运行过程中易产生氧化皮（此次泄漏的末级过热器管子内壁均发现有氧化皮形成现象），并且达到了一定厚度，具备了脱落的条件之一。

2）在主蒸汽流量较小时投入Ⅱ级减温水，导致了个别管子的氧化皮很快大量脱落，造成管壁超温过热。

上海锅炉厂技术人员到厂对爆管原因进行了分析，对SA213-T23材质管子抗氧化性能不高问题也认可，并表示目前上锅厂在高温过热器中已不再采用此种材料；同时对上海锅炉厂此类型锅炉的国电怀安电厂、中电投乌苏电厂等电厂进行了调研，都不同程度存在末级过热器进口集箱三通处管屏出现爆管现象。

3.防范措施

（1）承德3号炉。

1）根据锅炉厂设计值和机组运行实际工况合理确定各运行参数的控制限值。

低温过热器壁温≤495℃（锅炉厂限定值515℃），分隔屏过热器壁温≤479℃（锅炉厂限定值501℃），后屏过热器壁温≤549℃（锅炉厂限定值554℃），屏式再热器壁温≤560℃（锅炉厂限定值572℃），末级再热器壁温≤565℃（锅炉厂限定值580℃），末级过热器壁温≤565℃（锅炉厂限定值578℃）。热工预告报警定值按低于各管壁上限值5℃进行设置。控制主、再热蒸汽温度不超过额定值。

执行锅炉壁温控制优先于主、再热汽温的控制原则。运行中严格控锅炉管壁温度低于上述上限值，加大锅炉壁温控制绩效考核力度。发电部每月15日前将上月3台机组锅炉壁温统计台账（包含机组启停期间壁温情况记录）及分析上报生产技术部，并该项工作纳入绩效考核中；供热期内发电部每月15日前将上月3台机组锅炉管壁是否存在超温情况上报安全监察部。

2）加强机组启停期间温升（降）速率的控制，防止受热面急剧升温或冷却。

3）利用检修机会更换末级过热器SA213-T23材质下弯头，更换部分管排。本次抢修在第14~26排之间共增装41个壁温测点，增加受热面测点。

（2）驻马店热电2号炉。

1）将末级过热器入口材质为T23的中间管排更换为抗高温蒸汽氧化能力强的T91的管材，以提高管子抗高温氧化性能。

2）利用锅炉大小修机会加强对管子下部氧化皮堆积状况、管子金相组织和力学性能等指标进行监督，重点对末级过热器、末级再热器靠炉膛中间部位的受热面下弯头处氧化皮堆积情况加强监测，必要时要将下弯头割下检查，并及时跟踪变化趋势。

3）尽量避免在低负荷工况下使用二级减温水。

（三）吹灰器吹损

吹灰器吹损受热面，包括两个方面原因：一是吹灰器侧，吹灰器有吹损受热面的能力；二是受热面侧，未采取防护措施。

1.吹灰器侧

（1）吹灰器行程开关卡涩或吹灰器机械卡涩，长时间定点吹扫。包括：未执行就地跟踪检查制度，吹灰器卡涩时不能及时处理，受热面严重吹损；故障吹灰器未能停运，甚至继续投入（吹灰器必须退到位，然后单只停电），导致受热面吹损泄漏。

（2）吹灰蒸汽压力控制过高，蒸汽射流吹损能力强。

（3）疏水不充分，吹灰蒸汽带水，吹损能力增强；吹灰器疏水应同时具备疏水时间和疏水温度两个条件，且疏水温度应以疏水阀前温度为准。

（4）吹灰优化未能切实进行。吹灰频次高，长期吹灰使受热面减薄。

（5）提升阀提前开启或归位后延迟关闭，近墙处管壁吹损。

（6）吹灰器行走轨迹呈弧线或吹灰枪行进安装角度不正，蒸汽作用距离短。

（7）吹灰蒸汽携带飞灰对出列管磨损。

（8）吹灰蒸汽携带飞灰颗粒，在尾部烟道省煤器悬吊管悬挂吊耳附近形成涡流，磨损受热面（低温过热器、低温再热器）管壁，呈面积较小涡流磨损坑，上下部多排管圈均多发生。应采取措施加装防护瓦或遮挡盖板等，避免吹灰气流对悬吊管局部涡流磨损问题的发生。如定州、惠州等省煤器悬吊管磨损。

2. 受热面侧

（1）吹灰区域、吹灰通道受热面管防吹损措施不完善，无防磨护瓦、护瓦间存在间隙、护瓦翻转等。

（2）防磨防爆检查中，未能发现管子吹损减薄现象，或未及时更换减薄管子，致使强度降低而泄漏。

（3）当水冷壁存在高温腐蚀时，腐蚀区域吹灰会导致水冷壁减薄速率显著加快，在较短的时间内引起水冷壁泄漏。

※ 案例 1　准电 4 号机组 2021 年 11 月 4 日水冷壁泄漏

内蒙古国华准格尔发电有限责任公司 4 号机组为 330MW 亚临界自然循环湿冷发电机组，锅炉型号为 B&W B-1018/18.44/543/543-M。锅炉型式为亚临界参数、自然循环、前后墙对冲燃烧、一次中间再热、单炉膛平衡通风、固态排渣、全悬吊、紧身密闭、全钢构架的∏型汽包炉，于 2007 年 09 月 30 日投产。

1. 检查处理情况

2021 年 11 月 5 日下午，通过 12m 检修人孔门使用强光手电进行冷灰斗及燃烧器区域水冷壁进行检查，无异常现象，随后立即安排搭设炉内升降平台的相关工作。11 月 8 日上午，升降平台搭设并验收完毕，进入炉内检查漏点。发现标高 33.8m，炉后墙靠炉左第一根吹灰器（编号 A10）区域水冷壁存在爆口，爆口尺寸约 478mm×42mm，位置为侧墙靠炉后第 1 根，附近水冷壁有吹损减薄，壁厚最低为 1.84mm，水冷壁规格为 $\phi 60 \times 6.5$mm，材质为 SA-210C。对其他炉墙角水冷壁检查发现均有不同程度吹损。准电 4 号炉水冷壁新增吹灰器位置及爆口示意图见图 D-32，水冷壁吹灰减薄泄漏见图 D-33。

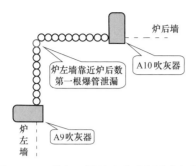

图 D-32 准电 4 号炉水冷壁新增吹灰器
位置及爆口示意图

图 D-33 水冷壁吹灰减薄泄漏现场照片

2. 原因分析

（1）为解决炉后墙粘灰结焦问题，后墙新增了短杆吹灰器。对新增吹灰器吹损水冷壁的风险评估不到位。新增 A10 吹灰器吹扫半径为 2m，吹灰器安装位置至侧墙距离仅为 1.05m，造成侧墙第 1 根水冷壁管吹损导致管壁减薄严重，发生爆管。

（2）掺烧外购汽车煤灰分较高。炉膛吹灰器投吹时蒸汽携带飞灰加剧了水冷壁的吹损。

3. 防范措施

（1）对新增吹灰器区域水冷壁进行全面测厚检查，发现超标及时进行更换，对新增吹灰器枪管垂直度、起吹角度及枪管伸入炉内的距离进行检查调整。

（2）停炉后投入辅汽，试投炉膛吹灰器，检查吹灰器吹扫半径，调整优化吹灰压力。

（3）加强吹灰器运行管理，严格执行锅炉吹灰管理要求，不断优化吹灰频次及组合，保证吹灰效果，避免过吹、欠吹。

※ 案例 2　江南热电 1 号机组 2021 年 10 月 18 日包墙过热器泄漏

国能吉林江南热电有限公司 1 号机组为 330MW 亚临界闭式循环氢冷燃煤机组，锅炉型号为 HG1100/17.5-HM，为四角切圆式、干式除渣锅炉，于 2010 年 12 月 23 日投产。

1. 检查处理情况

2021 年 10 月 19 日，进入炉内检查，漏点为 1 号炉甲侧包墙过热器在省煤器上部 HL3 半伸缩吹灰器处两侧弯管漏泄。对甲侧包墙过热器 HL3 半伸缩吹灰器处内侧弯管及相邻冲刷管路进行更换，同时对接焊缝进行了射线探伤合格。江南热电 1 号炉包墙过热器吹损泄漏见图 D-34。

2. 原因分析

1 号锅炉尾部烟道甲侧省煤器上部 HL3 吹灰器提升阀机构卡涩，造成提升阀阀座未提升到位，导致提升阀关闭不严，吹灰过程中漏泄的蒸汽冲刷甲侧包墙过热器管路造成漏泄。吹灰器停运期间喷口位置、提升阀阀座未提升到位情况见图 D-35。

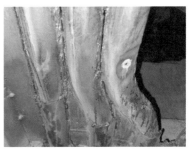

图 D-34　江南热电 1 号炉包墙过热器吹损泄漏

图 D-35　吹灰器停运期间喷口位置、提升阀阀座未提升到位

3. 防范措施

（1）提高检修质量，消除吹灰器提升阀机构卡涩现象，保证提升阀阀座未提升到位，导致提升阀关闭不严。

（2）严格执行吹灰器投运过程中就地检查制度，及时发现提升阀关闭不严现象并采取措施。

※ 案例 3　织金 2 号机组 2021 年 5 月 3 日低温再热器泄漏

织金公司 2 号发电机组为 660MW 超临界湿冷机组，东方锅炉厂制造；锅炉型号为 DG2076/25.73-Ⅱ 12 ；主蒸汽流量、再热蒸汽流量为 2076/1728t/h；主蒸汽压力、再热蒸汽出口压力为 25.83/4.60 MPa；主蒸汽温度、再热蒸汽出口温度为 573/573 ℃；燃烧器布置形式为 W 火焰；除渣方式为干除渣，于 2016 年 9 月 13 日投产。

1. 检查处理情况

2021 年 5 月 5 日进入尾部竖井烟道进行检查。发现低温再热器三级水平段靠 B 侧 B-A 第 97-101 屏（靠前包墙吹灰器斜下方）多根管子存在穿孔泄漏爆口（下数第 3-7 根），且有数根管子被相互交错吹伤和减薄现象。织金 2 号炉低温再热器吹损泄漏区示意图见图 D-36。

对所有减薄超标管子进行割除更换。共更换管子 49 根。

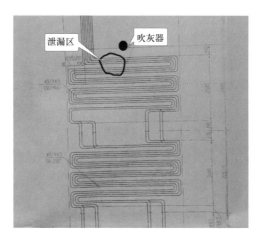

图 D-36 织金 2 号炉低温再热器吹损泄漏区示意图

2. 原因分析

对 2 号炉低温再热器三级泄漏管子分析如下：管子泄漏点位于 SL24 吹灰器吹扫范围，原始漏点位于 101 屏第 5 根管子。第 100、101 管屏间安装有防震板，防震板安装用固定抱箍和定位块进行定位，运行过程中，管屏震动拉伸变化造成固定块松动滑落第 101 排第 5 根管子上（现场发现），吹灰器吹灰时，汽流吹至固定抱箍固定块时汽流发生偏离和折向，蒸汽折向造成管子吹损减薄直至泄漏，导致第 5 根管子长期吹损减薄后泄漏。原始漏点泄漏后，吹穿防震板，然后吹伤附近管屏。防震板固定块松动滑落见图 D-37。

防震板固定块松脱，蒸汽吹灰时气流折向是造成管子吹损减薄发生泄漏的主要原因。

图 D-37 防震板固定块松动滑落

3.防范措施

（1）检查尾部受热面（低温再热器、低温过热器）防震板固定抱箍和固定块紧固情况进行全面排查，采取措施，避免松脱造成影响。

（2）对管屏间有防震板的管屏加装防磨盖板进行遮挡保护，防止因防震板固定卡块或变形等问题对管屏吹损造成影响。

（3）对受热面管屏出列问题进行排查，采取校对等措施进行处理，减少和避免吹灰和烟气冲刷的影响。

（4）根据受热面吹损情况，调整尾部烟道区域吹灰器的吹灰参数和频率，减少受热面吹损。

（5）做好吹灰系统检查，严格吹灰制度，避免蒸汽带水对造成受热面造成吹损。

（6）做好吹灰器维护定期工作，确保吹灰设备可靠投用。

※ 案例 4　织金 2 号机组 2021 年 1 月 14 日受热面泄漏

织金公司 2 号发电机组为 660MW 超临界湿冷机组，东方锅炉厂制造；型号为 DG2076/25.73-Ⅱ 12；主蒸汽流量、再热蒸汽流量为 2076/1728t/h；主蒸汽压力、再热蒸汽出口压力为 25.83/4.60 MPa；主蒸汽温度、再热蒸汽出口温度为 573/573 ℃；燃烧器布置形式为 W 火焰；除渣方式为干除渣，于 2016 年 9 月 13 日投产。

1.检查处理情况

检查发现，高温过热器：B 侧第 16~21 屏中下部管子折弯变形，管屏间管子互相缠绕，有多处泄漏，多根管子有吹扫减薄。屏过：B 侧后屏第 10 屏第 2 根管子从上到下全部出列，多处折弯变形，有泄漏爆口。外圈第一根管子出列，第 3~11 根均吹损减薄现象。高温再热器：检查发现 B 侧第 32、33 屏高温再热器管子被吹损减薄泄漏。折焰角水冷壁：B 侧屏过第 10 屏管屏处折焰角水冷壁有两根管子泄漏，附近第 10 屏屏过吹伤严重。织金 2 号炉水冷壁吹损泄漏见图 D-38。

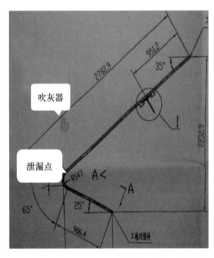

图 D-38　织金 2 号炉水冷壁吹损泄漏

现场判断 B 侧屏式过热器第 10 屏管屏下部折焰角水冷壁漏点为初始爆口。

检修处理情况：对折焰角水冷壁管子全部进行壁厚检测，对减薄超标存在隐患和泄漏管子予以更换；对 B 侧第 10 屏屏过泄漏、变形及减薄管子和弯头予以更换；对 B 侧第 16~21 屏高温过热器泄漏、变形和减薄管子和弯头予以更换；对 B 侧第 32、33 屏高温再热器泄漏和减薄管子予以更换，并对屏式过热器、高温过热器、高温再热器管屏的管夹进行恢复。

2. 原因分析

折焰角水冷壁处斜坡上部设置有伸缩式蒸汽吹灰器，且距离折焰角水冷壁较近，因折焰角水冷壁处烟温极高，无法安装防磨装置，锅炉运行中吹灰器长期对折焰角水冷壁进行吹扫，水冷壁管吹损减薄后发生泄漏，吹伤附近屏式过热器管屏导致屏过爆管，屏过爆管后依次导致高温过热器、高温再热器多处爆管。

3. 防范措施

（1）调整吹灰频次。结合停炉后受热面及积灰情况，调整吹灰频率及方式、吹灰参数，减少对管屏吹损。

（2）对不能加装防磨瓦的受热面采用新防磨技术，降低受热面的吹损。

（3）计划检修时对锅炉折焰角水冷壁减薄管子全面更换。

※ 案例 5　东胜 1 号机组 2020 年 6 月 11 日水冷壁泄漏

东胜 1 号机组锅炉型号为 SG-1176/17.5-M726，系上海锅炉厂生产的亚临界、一次中间再热、自然循环汽包炉。锅炉采用单炉膛 Π 型布置、平衡通风、冷一次风正压直吹式制粉系统、四角切向燃烧、直流燃烧器摆动调温、全钢构架悬吊结构、紧身封闭、干式固态连续排渣。

1. 检查处理情况

检查发现水冷壁左墙从前向后数第 119 根管（规格 $\phi 60 \times 7$ 材质 SA210-C 内螺纹管），标高 32m 向火侧泄漏，泄漏处长度约 270mm。宏观检查发现此管为吹损减薄泄漏。对 C8 短伸缩式吹灰器周边水冷壁管检查，第 112~121 根均有不同程度吹损减薄现象。申请中调同意 1 号机组转 C 级检修，进行锅炉防磨防爆全面检查，重点检查吹灰器周边水冷壁受热面吹损情况，对问题管段进行更换。东胜 1 号炉水冷壁管吹损减薄断面外貌见图 D-39。

图 D-39　东胜 1 号炉水冷壁管吹损减薄断面外貌

2.原因分析

（1）现场检查发现，C8短吹灰器覆盖区域向前墙方向水冷壁墙体在长期运行后局部存在内凸变形约7mm，引起枪管与水冷壁管外弧面相对间距减小2mm，造成吹灰器吹损水冷壁管减薄至3.7mm，造成水冷壁管爆破。

（2）现燃用煤种灰熔点为1180℃左右，较设计煤种低100℃，属于极易结焦煤种。水冷壁管结焦明显，锅炉运行期间吹灰频次较高，易造成水冷壁管吹损减薄。

3.防范措施

优化锅炉燃烧，降低吹灰频次，研究对吹灰区域采取防磨措施。

※ 案例6　长春一热2号机组2020年2月9日末级再热器泄漏

长春热电一厂2号发电机组，为35万kW超临界氢冷燃煤机组，于2012年1月投产。

锅炉为哈尔滨锅炉厂制造的超临界参数变压运行直流炉，单炉膛、一次再热、平衡通风、紧身封闭、固态排渣、全钢构架、全悬吊结构Ⅱ形锅炉，型号HG-1110/25.4-HM2。

1.检查处理情况

末级再热器右12排前数第3根弯管减薄泄漏。泄漏后扩大了吹损漏泄范围，漏点7处。

水平烟道折燃角8号吹灰器枪管端头脱落，掉落至折燃角上。枪管端头为平封头，封头管接口壁厚4.5mm，封头厚度15mm，断裂点距封头焊缝10mm。检查6号吹灰器枪管封头靠近焊缝处有环状裂纹。吹漏7处漏泄点。长春一热1号炉吹灰器端头脱落吹损末级再热器泄漏见图D-40。

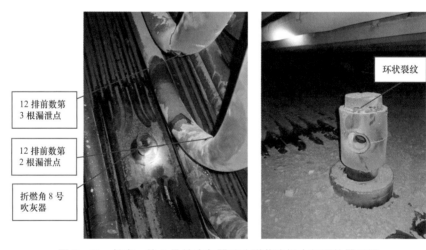

图D-40　长春一热1号炉吹灰器端头脱落吹损末级再热器泄漏

2.原因分析

（1）末级再热器泄漏原因。水平烟道折燃角8号吹灰器枪管封头脱落，吹灰蒸汽直接冲刷末级再热器右12排前数第3根弯管减薄泄漏。高温高压再热蒸汽喷出，扩大了吹损漏泄范围，造成锅炉停运。

（2）吹灰器枪管损坏原因。为了解决锅炉水平烟道折燃角积灰，2017 年设备改造增加 8 台固定旋转式吹灰器。吹灰器由湖北华信机械发展有限公司生产 HXG–B5 型。改造后一直运行良好，水平烟道折燃角积灰问题得到了彻底解决。吹灰器枪管材质为 2520（该材质可长期工作在 1250℃ 高温下，该部位设计烟气温度 861℃，正常运行时温度 800℃ 左右，吹灰蒸汽约 450℃），封头部分厚度为 15mm，而连接管部分壁厚为 4.5mm，厚度差较大，且在封头和连接管结合部位有 2mm 深的退刀槽。正常运行时每天吹扫一次，每次 50s，该部位应力集中，吹灰时温度交变作用下产生裂纹，最终断裂脱落。

3. 防范措施

（1）2 号炉折燃角 6、8 号吹灰器封堵停运，另外 6 台吹灰器枪管封头采用加强筋加固，并延长蒸汽吹扫周期，由原来每天一次改为每两天一次。在运的 1 号炉该位置吹灰器停吹，待有停炉机会进行探伤检查，对封头进行加固。

（2）2020 年 1、2 号炉检修期间，对折燃角吹灰器全面探伤检查，更换有缺陷枪管，1 号炉枪管封头全部焊接加固。将此吹灰器枪管列入金属监督项目，每年进行监督检查。

（3）将损坏的吹灰器枪管封头送吉林电科院金属专业试验分析，对裂纹产生的原因进一步确认。与厂家沟通研究改进枪管封头结构形式，彻底消除存在的安全隐患。

※ 案例 7　江油 32 号机组 2020 年 1 月 6 日高温再热器泄漏

江油 32 号机组锅炉由法国 STEIN 公司制造，型号 STEIN–1004/18.4/543/543，系亚临界中间一次再热强制循环汽包炉。

1. 检查处理情况

（1）高温再热器：从 B 向 A 第 3 屏从前向后第 1 根管迎风面偏 A 侧泄漏，为原始爆口（材质为 Z10CDNbV9.2，规格为 $\phi 63.5 \times 4mm$，为 1989 年安装时原始管段。两个爆口分别为 $11.5 \times 4.1mm$、$1.5 \times 1.0mm$，吹损区域 $132.8 \times 37.5mm$ 呈椭圆形），第 1、2 屏从前向后第 1 根管管壁吹损减薄超标（防磨块冲穿）。江油 32 号锅炉高温再热器吹损泄漏见图 D–41。

（2）屏式过热器：从 B 到 A 第 1 屏从后向前第 1 根蒸汽冲刷爆管，第 4 根 1 个爆口，其余第 2~11 根存在管壁吹损冲刷减薄超标。从 B 向 A 第 2 屏从后向前第 2~22 根蒸汽冲刷严重管壁减薄超标，其中第 15 根弯管 2 个爆口，第 14 根弯管 1 个爆口。

水冷壁管：214 号吹灰器吹孔靠炉前侧少量管子存在吹损减薄痕迹。

2. 原因分析

锅炉燃用煤种与设计煤种偏差大，灰熔点比设计煤种低，炉膛容积相比国产同型锅炉较小，炉膛出口烟温高，受热面容易积灰积焦，蒸汽吹灰频次高，而 214 号吹灰器提升阀微漏致使吹灰初期蒸汽带水，对受热面吹损力度增大，同时高温再热器原始爆口管段无防磨瓦，经吹灰蒸汽长期吹损管壁减薄泄漏。

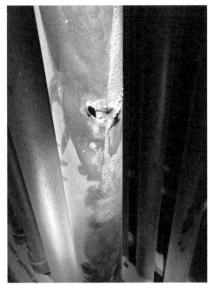

（a）   （b）

图 D-41　江油 32 号锅炉高温再热器吹损泄漏

（a）高温再热器 B → A 第 3 屏前→后第 1 根管形貌；（b）高温再热器与 #214 吹灰器位置情况

3. 防范措施

（1）对吹灰器易吹损部位管段加装防磨瓦，对变形、错位或松动的防磨瓦调整、加固。

（2）坚持现场跟吹检查，采取测温枪等技术手段做好内漏检查并及时做好缺陷记录；消除 214 号蒸汽吹灰器提升阀内漏缺陷，检查吹管旋转初始角度，并举一反三，对吹灰器进行全面排查治理。

※ 案例 8　滦河 3 号机组 2018 年 10 月 1 日锅炉分隔屏过热器泄漏

承德（滦河）热电 3 号机组为 330MW 亚临界湿冷燃煤抽汽供热机组。锅炉型号 SG-1110/18.4-4013，为上海锅炉厂生产的亚临界参数、一次中间再热、自然循环、单炉膛、平衡通风，固态排渣，全钢构架，紧身封闭煤粉炉，采用正压直吹式制粉系统。锅炉燃烧系统均采用摆动式燃烧器，四角布置，切圆燃烧方式，共 5 层分别对应 5 台磨煤机。3 号机组于 2012 年 10 月投入商业运营。

1. 检查处理情况

2018 年 10 月 6 日对泄漏部位进行检查，判断第一泄漏点为分隔屏过热器第 3 屏第 47 根管与夹持管交叉弯头内弧部位。漏点为约 6mm 不规则孔，孔壁周围较薄，管子未见明显涨粗，原始漏点下方管子及护铁有较深的蒸汽冲刷沟痕。爆口管子规格 $\phi 51 \times 5.5$，材质 12Cr1MoVG，该管泄漏后将临近的第 45 根管吹漏，为第二漏点。第 45、47 根管子泄漏造成 40~44、46、48 根管子及分隔屏流体定位管不同程度吹损。滦河 3 号锅炉分隔屏过热器第 3 屏吹损泄漏见图 D-42。

共更换直管 10 根、弯管 4 根、焊口 29 道。

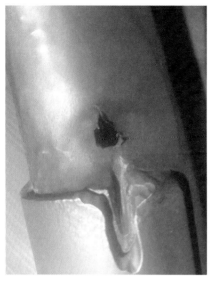
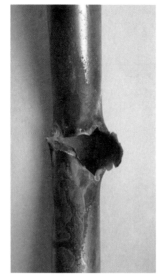

（a）　　　　　　　　　　　　（b）　　　　　　　　　　　　（c）

图 D–42　滦河 3 号锅炉分隔屏过热器第 3 屏吹损泄漏

（a）第 47 号管泄漏局部宏观形貌；（b）第 45 号管泄漏宏观形貌；（c）第 47 号管泄漏宏观形貌

47 号管实测规格：$\phi 51.3 \times 5.8$，爆口尺寸 6.9mm × 10.4mm，纵向长度略长，爆口沿管子纵向有局部尖端撕裂痕迹，紧靠爆口的上方加装长度 90mm 防磨瓦金属弧板，在防磨瓦上存在吹损产生的凹槽，深度较深，伤及分割屏让位管过热器母材管壁，局部存在不同程度壁厚减薄；爆口周围壁厚检测显示在 1.5~2.5 mm 之间，靠近爆口中心越近，壁厚越薄。爆口边缘局部外翻。

2. 原因分析

华北电科院、国电电科院太原分院专家到厂协助进行故障原因分析认为：第 47 根管由于吹灰蒸汽吹损，或局部定位管与让位管相互摩擦磨损减薄，导致泄漏；进一步对 45 号管产生蒸汽吹损，使 45 号管壁厚减薄直至强度不足，发生爆管泄漏。

3. 防范措施

（1）加强锅炉吹灰器运行、维护管理。合理安排减少高温区吹灰频次。

（2）锅炉吹灰操作时维护人员必须就地有人全程跟踪巡视，吹灰完成后运行人员应就地确认吹灰器正常退出。

※ 案例 9　宝鸡 6 号机组 2018 年 7 月 22 日省煤器泄漏

宝鸡发电有限责任公司 6 号机组为 660MW 燃煤机组，锅炉型号为 SG–2066/25.4–M977，系超临界参数变压运行螺旋管圈直流炉，单炉膛、一次中间再热、四角切圆燃烧方式、平衡通风、全钢架悬吊结构 Ⅱ 形露天布置、固态排渣。

1. 检查处理情况

检查发现低温再热器侧省煤器出口集箱 A–B 第一排（炉后侧）S 弯发生爆管，爆口呈纵向分部布。管子规格 $\phi 47.6 \times 7.5mm$，材质 SA210C。同时吹损 A–B 第一根悬吊管，规格 $\phi 57 \times 9mm$，材质 15CrMoG。抢修共换管 2 根。宝鸡 6 号锅炉省煤器吹损泄漏见图 D–43。

图 D–43　宝鸡 6 号锅炉省煤器吹损泄漏

2. 原因分析

经过对泄漏区域和泄漏管段检查分析，泄漏原因为低温再热器侧省煤器出口集箱 A–B 第一根 S 弯，受到 351 号吹灰枪蒸汽吹扫逐渐减薄，发生泄漏。吹灰器区域受热面保护铁安装不全面、不彻底。

3. 防范措施

结合机组检修机会，对所有吹灰器走廊区域受热面安装保护铁或进行防磨喷涂，确保全覆盖。

※ 案例 10　绥中 4 号机组 2015 年 10 月 31 日低温再热器泄漏

绥中 4 号机组为 1000MW 燃煤超超临界机组。锅炉型号为 DG3030/26.5– Ⅱ 1 型，系超超临界参数、变压直流炉、对冲燃烧方式、固态排渣、单炉膛、一次再热、平衡通风、露天布置、全钢构架、全悬吊 Ⅱ 形结构。

1. 检查处理情况

省煤器悬吊管 69m 处南数第 30 排前数第一根管距离顶棚 1.25m 处发生爆管，管材质 SA–210C，规格 $\phi 54 \times 9mm$。检查发现 57 米对流竖井 4Y02B 吹灰器通道内该管有一泄漏点，为半伸缩吹灰器 4Y02B 吹损减薄泄漏。绥中 4 号锅炉低温再热器吹损泄漏见图 D–44。

对低温再热器吹灰通道进行检查，发现 4Y14C 吹灰器对应低温再热器管有吹损减薄现象，材质 T23，$\phi 50.8 \times 4.5mm$，壁厚测量有 10 根超标。

图 D-44 绥中 4 号锅炉低温再热器吹损泄漏

此外，低温再热器吹灰通道下部 90 度弯头部位减薄磨损（飞灰磨损），壁厚测量共计有 17 根超标，材质 T23，规格 φ57×5mm。全部进行更换。

2. 原因分析

（1）省煤器半长吹灰器 4Y02B 共 5 个支架全部倒塌，导致吹灰器卡涩。

（2）吹灰器未及时退出并停电，吹灰过程中连续吹扫，第 3 个吹灰孔所对应省煤器悬吊管吹损减薄泄漏。

（3）该管上部高温区冷却量不足，过热爆管。

（4）低温再热器出口管未设防磨瓦。

3. 采取措施

（1）对省煤器悬吊管、低温再热器出口管加装护瓦，共计 1945 块。

（2）对每只吹灰器加装控制电源空开，确保可以单只可靠停运。

※ 案例 11 三河 2 号机组 2012 年 4 月 17 日水冷壁泄漏

三河 2 号机组为日本三菱燃煤亚临界 350MW 发电机组，锅炉型号为 FB-RR，系亚临界参数、控制循环燃煤汽包炉、一次中间再热、单炉膛平衡通风、固态排渣、半露天布置、全钢构架的 π 形汽包炉。

1. 检查处理情况

水平烟道水冷壁 2 号吹灰器第 23 号管吹损泄漏，将第 20 号水冷壁管吹损减薄，第 20 号管对应悬吊管（φ57mm×7.1mm）在距水平烟道底部约 2.5 m 处爆开并断裂，上半段甩至三级过热器穿顶棚处。三河 2 号锅炉水冷壁吹损泄漏见图 D-45。

2. 原因分析

吹灰器安装位置与后墙水冷壁不垂直，造成左侧吹扫半径缩短，右侧吹扫路径延长，与后墙成 120° 角的第 23 号水冷壁管过吹减薄泄漏。

图 D-45　三河 2 号锅炉水冷壁吹损泄漏

3. 采取措施

（1）对吹灰器枪头至水冷壁壁面的距离进行校核、调整，吹灰器内漏、外漏治理。

（2）校验、调整吹灰压力，吹扫半径控制在 10 根管以内。

（3）吹灰疏水时间由原来 20min 增至 40min。

（4）吹灰频次由原来 3 次 / 天降低到 2 次 / 天；四角区域水冷壁吹灰器由原来的 2 次 / 天延长至 1 次 /2 天。

（四）飞灰磨损泄漏

飞灰磨损是指飞灰中夹带的 SiO_2、Fe_2O_3、Al_2O_3 等硬颗粒高速冲刷管子表面，使管壁减薄，当管壁强度不足以承受管内压力时，发生管子爆管。飞灰磨损常发生在受热面管子烟气入口处的弯头、出列管子和节距不均匀的管子上。

磨损的原因有：燃煤含灰量高，飞灰中夹带硬颗粒；烟速过高或局部烟速过高形成烟气走廊；烟气含灰浓度分布不均，局部灰浓度过高。

防止飞灰磨损，一是可以从改善烟气速度场及浓度场方面采取措施，降低飞灰撞击管子的数量和速度，进而减缓对管子的磨损，如采用导流板、阻流板等改变流动方向和速度场，防止局部烟气流速过高；二是提高管子的抗磨性，在易受到磨损的管子表面采取防磨措施，如加装防磨护瓦或护板、局部防磨喷涂等防护措施；三是改善煤质，选择适应炉型的煤种，改善煤粉细度、做好燃烧调整等。

※ 案例 1　费县公司 1 号机组 2021 年 11 月 6 日低温过热器泄漏

费县发电有限公司 1 号机组为 650MW 超临界燃煤机组，锅炉型号为 HG-1913/25.4-YM3 型，一次中间再热、变压运行、带内置式再循环泵启动系统、固态排渣、平衡通风、Π 形布置、全钢构架悬吊结构、对冲方式，于 2007 年 2 月投产。

1. 检查处理情况

检查发现：中间隔墙下集箱至下部水平低温过热器连接管（左数第 2 根）三通前管子爆

开，管子变形；因爆口较大，由于冲击力将下面一根管子挤压变形；左墙尾部环形集箱导流板脱落三块，左侧中间隔墙下集箱（过热器侧）五根管子焊口左右 200mm 范围磨损；右墙导流板贴近集箱处管子出现磨损现象；低温再热器多处防磨瓦磨损，L26 吹灰器枪管托架磨损。费县 1 号锅炉低温过热器磨损减薄爆管见图 D-46。

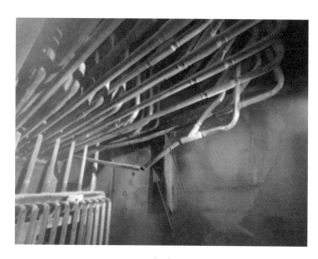

（a）　　　　　　　　　　　　　　　　（b）

图 D-46　费县 1 号锅炉低温过热器磨损减薄爆管

（a）泄漏点及变形管段；（b）加装防护瓦

对泄漏管子及受伤的管子三通前约 1.4m 管子更换（共 2 根），将中间隔墙下集箱（低温过热器入口集箱）左侧磨损的 4 根管子焊补后加装防磨瓦，右侧加装 11 排共计 22 根管子的防磨瓦和 44 个弯头的防磨瓦，左侧共计 10 排加装防磨瓦。

2. 原因分析

下部水平低温过热器西数第一屏管排与侧包墙之间间距为 210mm，低温过热器管排间距为 115mm，在西数第一屏管排与侧包墙之间形成一个小的烟气走廊，经尾部环形集箱导流板折向后（2018 年尾部环形集箱加装导流板），吹向下方邻近的爆管的管排；长期吹损造成爆口管子减薄爆管。长期吹损造成管子减薄爆管。

3. 防范措施

（1）1 号炉尾部环形集箱导流板影响区域受热面管子增设防磨瓦。

（2）机组检修时，锅炉受热面防磨防爆检查队伍与检修队伍分开，另招防磨防爆专业检查队伍，负责锅炉防磨防爆检查和台账记录。在治理水冷壁大面积高温腐蚀换管同时，加强其他区域防磨防爆检查力量。

※ 案例 2　鸳鸯湖 4 号机组 2021 年 8 月 20 日省煤器泄漏

鸳鸯湖电厂 4 号发电机组为 1000MW 超超临界间接空冷燃煤机组，锅炉型号为 SG-3243/29.3-M7005，系超超临界参数变压运行直流 Ⅱ 形炉，单炉膛、一次中间再热、四角双切圆燃烧方式、平衡通风、全钢构架、紧身封闭布置、固态排渣、全悬吊结构，于 2019 年

12月投产。

1.检查处理情况

进入锅炉尾部烟道检查,发现锅炉41m右墙低温再热器侧省煤器下数第3根,炉右向炉左数第1根管子泄漏。泄漏管子材质为SA210C,规格 $\phi 42 \times 6.5mm$。鸳鸯湖4号锅炉省煤器磨损减薄爆管见图D-47。

（a） （b）

图D-47 鸳鸯湖4号锅炉省煤器磨损减薄爆管
（a）泄漏路径；（b）泄漏点形貌

对泄漏及吹损管子进行更换,共计需换管10根。现场继续进行防磨防爆扩大检查。

2.原因分析

从首爆口的宏观形貌分析,爆口区域管壁明显减薄、管径无胀粗,综合分析本次省煤器泄漏原因为管壁长期飞灰冲刷局部减薄强度不足导致。

3.防范措施

（1）对省煤器防磨瓦进行排查,对损坏、翻转的进行更换。

（2）对省煤器区域进行测厚检查,发现减薄超薄的进行更换

※ 案例3 安顺3号机组2021年1月4日锅炉省煤器泄漏

安顺公司3号机组为330MW汽轮发电机组,锅炉型号为DG1025/18/2-Ⅱ15,燃烧器布置形式为前后墙对冲,湿式除渣。于2003年4月14日投产（2019年增容为330MW）。

1.检查处理情况

检查发现,省煤器第21-5管桩烟气磨损减薄为原始爆口。第21-5泄漏后吹损第21-4、20-4、20-5及附近进口集箱外表面损伤。省煤器进口集箱管桩泄漏。安顺3号锅炉省煤器磨损减薄泄漏见图D-48。

2.原因分析

2013年7月至10月3号炉省煤器改造项目时,将集箱处隔墙开孔,进行光管改为H形翅片安装,改造完成后,分隔板开孔未装复。由于开孔未恢复导致在运行中形成烟气走廊,

长期运行造成此区域省煤器管桩磨损减薄。

（a）　　　　　　　　　　　　　　　　（b）

图 D-48　安顺 3 号锅炉省煤器磨损减薄泄漏
（a）烟气气流方向；（b）泄漏点形貌

3. 防范措施

省煤器进口集箱外表面损伤部位焊接修复及 5 根管桩更换，分隔墙原、新开孔装复、验收。尾部受热面检查。

※ 案例 4　大坝 6 号机组 2020 年 12 月 28 日低温再热器泄漏

宁夏大唐国际大坝发电有限责任公司 6 号发电机组为 600MW 亚临界直接空冷凝汽式燃煤机组，锅炉型号：DG2070-17.5-Ⅱ6，系自然循环，前后墙对冲燃烧方式，单炉膛平衡通风，固态排渣锅炉，于 2009 年 3 月 31 日投产发电。

1. 检查处理情况

检查发现，左向右数第 29 屏低温再热器第二、三根水平管（材质 15CrMoG，$\phi 63.5 \times 5mm$）和第 15 根省煤器吊挂管（材质 SA-210C，$\phi 51 \times 10mm$）存在漏点（共 3 处），原始泄漏点为第 29 屏低温再热器沿烟气流向第 3 根水平管。防磨防爆检查，换管 25 根。大坝 6 号锅炉低温再热器磨损减薄泄漏见图 D-49。

2. 原因分析

（1）低温再热器管间支撑卡块、固定管箍、省煤器吊挂管之间形成烟气涡流，造成沿烟气流向第三根水平管支撑卡块处磨损减薄形成漏点，泄漏后吹损沿烟气流向第二根水平管及省煤器吊挂管。

（2）历次受热面防磨防爆检查中对 L/R13 吹灰器通道低温再热器管及省煤器吊挂管进行检查，检查低温再热器沿烟气流向第一根水平管出现磨损，均进行了更换；沿烟气流向第 2、3 根水平管因空间狭小无法准确测量，通过观察方法检查未发现超标情况。低温再热器水平管、省煤器吊挂管泄漏部位布局见图 D-50。

图 D-49　大坝 6 号锅炉低温再热器磨损减薄泄漏

图 D-50　低温再热器水平管、省煤器吊挂管泄漏部位布置

3. 防范措施

完善受热面防磨防爆检查方案及计划表，将低温再热器炉管支撑卡块、省煤器吊挂管及固定管箍三者结合处作为重点进行检查，定期取样进行检查。

※ 案例 5　中卫 2 号机组 2020 年 12 月 25 日低温再热器泄漏

中卫 2 号机组为 350MW 超临界直接空冷双抽供热机组。锅炉型号为 DG1203/25.4-Ⅱ4，系东方锅炉有限公司制造的超临界参数变压运行螺旋管圈直流炉，单炉膛、一次中间再热、前后墙对冲燃烧方式、平衡通风、紧身封闭、固态排渣、全钢悬吊结构 Ⅱ 形锅炉。

1. 检查处理情况

检查确认泄漏位置为一级低温再热器炉右至左第 32 排向下 2 根吹灰器托架处泄漏，低温再热器材质 SA-210C，规格 57×4.5mm，泄漏点位置管壁测厚 2.5mm。中卫 2 号锅炉低温再热器磨损减薄泄漏见图 D-51。

2. 原因分析

吹灰器托架斜支撑设计不合理，斜支撑角钢在烟气流动过程中改变烟气方向，长期形成烟气涡流，造成飞灰磨损减薄泄漏。

（a） （b）

图 D-51　中卫 2 号锅炉低温再热器磨损减薄泄漏

（a）首爆口位置；（b）吹灰器托架斜支撑

3. 防范措施

（1）对锅炉左右侧吹灰器托架进行改造，对出列管排进行校正，对易磨损管道加装防磨瓦。

（2）机组检修期间邀请专业人员对后烟井区域进行全面检查，对可能造成飞灰磨损部位采取加装防磨瓦措施。

※ 案例 6　郭家湾 1 号机组 2020 年 10 月 23 日省煤器泄漏

郭家湾电厂现有 2 台 300MW 循环流化床发电机组，厂址位于陕西省府谷县大昌汗乡郭家湾工业区，1 号机组于 2010 年 6 月投产，2 号机组于 2010 年 9 月投产。锅炉系哈尔滨锅炉厂有限公司自主研发设计和制造的 HG-1065/17.5-L.M44 型亚临界参数、一次中间再热自然循环循环流化床锅炉。

1. 检查处理情况

检查确认，泄漏点为省煤器管第 39 排上部第 1 根水平管，管子规格 $\phi 51 \times 6mm$，材质为 20G，管屏为蛇形盘绕布置（共计 162 排），泄漏吹损第 38 排上部第 1 根水平管及出口集箱第 19 根散管。郭家湾 1 号锅炉省煤器磨损减薄泄漏见图 D-52。

2. 原因分析

省煤器防磨护板安装工艺不良，斜坡段与垂直段未完全搭接，垂直段与省煤器管排定位板之间存在间隙，形成烟气走廊，对省煤器蛇形管吹损减薄，引起爆管。

3. 防范措施

对防磨护板的安装质量进行检查，消除翻转、移位，消除护板之间的间隙。

（a）　　　　　　　　　　　　　　　（b）

图 D-52　郭家湾 1 号锅炉省煤器磨损减薄泄漏
（a）烟气磨损及泄漏路径；（b）护板未满焊形成间隙

※ 案例 7　鄂温克 2 号机组 2020 年 10 月 20 日水冷壁泄漏

鄂温克电厂一期工程安装两台 600MW 超临界燃煤空冷机组，1、2 号机组分别于 2011 年 11 月 7 日、2012 年 6 月 5 日投运。锅炉型号 HG1950/25.4-HM15 型，单炉膛、一次中间再热、墙式切圆燃烧、平衡通风、紧身封闭、干排渣、全钢构架、全悬吊结构 Π 型布置、带启动循环泵的变压运行直流锅炉。

1. 检查处理情况

检查泄漏位置在冷灰斗螺旋段水冷壁后墙，标高 8.5m。检查水冷壁漏点共计 5 处，后墙第一泄漏点吹损造成左墙水冷壁发生泄漏，进而再次吹损后墙水冷壁。第一漏泄漏点爆口长度 20mm，爆口附近有明显的减薄，测量厚度为 2.08mm，典型的因磨损减薄导致泄漏。鄂温克 2 号锅炉水冷壁磨损减薄泄漏图见图 D-53。

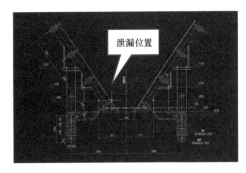 

（a）　　　　　　　　　　　　　　　（b）

图 D-53　鄂温克 2 号锅炉水冷壁磨损减薄泄漏图
（a）泄漏位置示意图；（b）螺旋段水冷壁磨损泄漏点

自 2020 年 6 月 20 日开始，煤质大幅下降，热值大幅下降，硫分由 0.35% 升至 1.2%，灰分由 14.44% 升至 30%。收到基灰分最大值为：5 月 17.86%，6 月 32.2%，7 月 32.02%，8

月 33.62%，9 月 29.06%，10 月 33.76%。

2. 原因分析

燃用煤种发热量低，矸石较多，灰分变化大，产生的灰渣及矸石沙量多，导致冷灰斗水冷壁磨损加剧产生泄漏。

3. 防范措施

（1）在锅炉冷灰斗水冷壁 2 号、4 号角增加浇注料防护，与灰渣交界位置做好平滑过渡。

（2）做好与煤矿的沟通，分析煤质变化趋势，根据煤质变化情况，有针对性地对易磨损受热面区域采取防护措施。

※ 案例 8 H 形翅片管省煤器漏泄

元宝山电厂 2 号发电机组为 600MW 亚临界、一次上升、中间再热直流锅炉，锅炉制造厂为德国斯坦谬勒公司；八角切圆燃烧方式；半湿式除渣系统。于 1985 年 12 月 28 日投产。

菏泽公司 3 号机组容量 300MW，投运时间为 2001 年 12 月。其中锅炉型号为 MBEL-1025/17.3-541/541 型，英国三井巴布科克能源有限公司制造。亚临界、中间一次再热、自然循环、平衡通风、固态排渣、下冲式单炉膛、悬吊式露天布置、W 火焰燃煤汽包炉。

惠州电厂 1 号机组锅炉制造单位为武汉锅炉股份有限公司，型号为 WGZ1100/17.45-3，该炉系亚临界压力，中间一次再热，自然循环汽包炉，锅炉采用单炉膛 "Ⅱ" 形布置，高强螺栓连接的全钢构架悬吊结构。锅炉采用四角切向燃烧，燃烧器可上下摆动。

1. 检查处理情况

（1）元宝山 2 号炉。2021 年 10 月 4 日 15 时，进入烟道内检查发现，东侧一级省煤器人孔门位置，自西向东数第三管排下 3 管段，距北一吊挂（自北向南）70mm、距北侧遮烟板 300mm 位置发生泄漏，第四排下 3 管段被吹损减薄，下 2~ 下 4 管段上方四分之一圆弧位置均存在不同程度的磨损。元宝山 2 号锅炉 H 形翅片一级省煤器磨损减薄泄漏图见图 D-54。

下 3 管段漏点　　　第 3 管排

图 D-54　元宝山 2 号锅炉 H 形翅片一级省煤器磨损减薄泄漏图

（2）菏泽 3 号炉。泄漏后停炉检查发现，靠后墙 500mm 省煤器 H 形翅片管最上层北数第 50 根为原始泄漏管，泄漏的高压水将北数第 51 根省煤器管吹漏，将北数第 26 根低温过热器管及北数第 25、26 根省煤器悬吊管冲刷减薄。

（3）惠州 1 号炉。停炉后检查发现泄漏点共 3 处，原始漏点位于 1 号锅炉 A 侧一级分级省煤器，右数第八排管，最上层管道，靠炉前侧，距离密封板约 100mm 处，呈直径约 26mm 的圆形孔。由于泄漏点处防磨护瓦被吹损而导致脱落，造成第七、九排最上层管道防磨护瓦和鳍片吹损减薄明显，第七排管道侧部也被吹损减薄，有 2 处发生了泄漏。惠州 1 号锅炉 H 形翅片一级分级省煤器磨损减薄泄漏图见图 D–55。

图 D–55　惠州 1 号锅炉 H 形翅片一级分级省煤器磨损减薄泄漏图

2. 原因分析

（1）元宝山 2 号炉。一级省煤器为 2013 年 2 号机组综合升级改造时期新增，2014 年投入运行。泄漏部位省煤器管规格 $\phi44.5\times5.5$mm，材质均为 20G。根据现场检查确认原始漏点为第三排下 3 管段。割除该管段检查发现，漏点直径 2.5mm，从形貌判定为典型的磨损减薄泄漏。结合漏泄区域附近管排检查情况确认，该部位在运行中受较强的飞灰冲刷，且具有烟气走廊的特性（对该省煤器同部位的东侧边排区域检查未发现该情况），管子在灰流的长期冲刷下，导致管壁减薄最终导致漏泄。

（2）菏泽 3 号炉。3 号炉省煤器采用 H 形翅片管，翅片通过高频电阻焊与管子连接在一起。泄漏点位于距后墙 500mm 处的省煤器最上层管排（北数第 50 根为原始泄漏管），此处为过热器环形联箱和省煤器弯头之间的密封盒下方，烟气自上而下有一定的转角，烟气流速和流向均有改变，长期运行翅片根部受烟气冲刷最为严重并最终减薄泄漏。

（3）惠州 1 号炉。一级分级省煤器布置于空气预热器入口烟道中，此处烟气流速较高，烟气中粉尘含量大；从防护板折返导流过来的烟气受 H 形鳍片阻挡，顺势向下冲刷鳍片根部换热管，设备经过 6 年的运行，从此次停炉全面检查情况来看，虽然未造成管排普遍吹损减薄现象。

3. 防范措施

（1）对 H 形省煤器的检查手段进行优化，重点部位进行割除检查，掌握实际减薄值。

（2）加强燃烧调整，使气流尽量均布，防止飞灰集中一侧加剧磨损。

（3）进一步研究 H 形省煤器防磨装置，控制管壁减薄磨损。

※ 案例 9　燃烧器区域水冷壁飞灰磨损

1. 检查处理情况

四角切圆直流燃烧器、旋流燃烧器周边水冷壁飞灰磨损。

直流燃烧器周边水冷壁磨损及加装护板见图 D-56，旋流燃烧器出口段水冷壁磨损减薄及防护见图 D-57。

2. 原因分析

（1）在水冷套处冷却燃烧器喷嘴用风，气流中携灰粒不断冲刷水冷套管子，导致了水冷壁管子磨损减薄。

（2）旋流燃烧器水冷壁弯管高于燃烧器三次风口，长期被二次风携带灰粒磨损减薄。

（a）　　　　　　　　　　（b）　　　　　　　　　　（c）

图 D-56　直流燃烧器周边水冷壁磨损及加装护板

（a）燃烧器出口水冷壁管磨损；（b）燃烧器出口水冷壁管磨损；（c）加装防磨护板

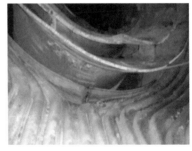

（a）　　　　　　　　　　（b）

图 D-57　旋流燃烧器出口段水冷壁磨损减薄及防护

（a）旋流燃烧器出口水冷壁管磨损；（b）改造后

3. 防范措施

加装、补全喷嘴周围易磨损管子的护板，防止二次风携带灰粒直接吹损水冷壁管子。

※ 案例 10　萨拉齐 1 号机组 2021 年 10 月 25 日流化床锅炉水冷壁泄漏

萨拉齐电厂为 2 台 300MWCFB 空冷发电机组，锅炉型号 HG-1065/17.5-L.MG44，为亚临界参数、一次中间再热自然循环汽包炉、紧身封闭、平衡通风、固态排渣、全钢架悬吊结构的循环流化床锅炉,燃用混合煤质。

1. 检查处理情况

经现场检查为返料腿右一口向炉前数第3根管子弯管处泄漏,机组高负荷带供热运行,锅炉水冷壁与浇注料热膨胀不一致,造成密相区水冷壁浇注料局部膨胀拉裂脱落,浇注料脱落后,循环灰直接冲刷水冷壁管,水冷壁管减薄承压不足泄漏。管子规格为 $\phi76\times8mm$ 管子,材质为 SA-210C。萨拉齐 1 号炉浇注料局部脱落后水冷壁磨损泄漏见图 D-58。

对流化床锅炉密相区浇注料的龟裂、磨损等情况修复处理,并利用皮锤局部进行浇注料密实性检查,有无鼓包、空洞等情况。

图 D-58　萨拉齐 1 号炉浇注料局部脱落后水冷壁磨损泄漏

2. 原因分析

(1)机组高负荷带供热运行,锅炉水冷壁与浇注料热膨胀不一致,造成密相区水冷壁浇注料局部膨胀拉裂脱落,浇注料脱落后,循环灰直接冲刷水冷壁管,水冷壁管减薄承压不足泄漏。

(2)密相区锅炉循环灰浓度高,冲刷和高温下浇注料劣化加速,局部浇注料发生老化,老化后浇注料强度下降,随着运行中高负荷冲刷脱落。

(3)此部位为料腿口,让管区域销钉设计偏少,浇注料施工存在横向和纵向接口,在运行中受床料和返料双重冲刷磨损,机组大负荷调整时浇注料局部发生开裂,开裂后逐步冲刷扩大后浇注料脱落。

3. 防范措施

(1)认真落实浇注料施工工艺,从浇注料入厂验收、浇注料搅拌工艺、施工人员技能水平、浇注料现场施工作业等做好管控,确保施工工艺和质量。

(2)对浇注料进行全面排查,借用皮锤等工具,对浇注料可能存在空洞、鼓包、裂缝等进行检查,并进行逐项拆除,重新浇注后表面应无裂纹、凹陷、蜂窝、孔洞等缺陷。

(3)严把浇注料质量验收关。浇注料拆除后要全面排查销钉牢固情况、销钉沥青涂抹厚度、销钉密度，防止因销钉数量不足造成浇注料连接强度下降，长时候运行后发生脱落。

（4）加强的浇注料养护，浇注料施工要保证环境温度大于5℃，浇注料要设置排湿孔，孔深为浇注料厚度的2/3，养护合格方可进行机组启动，防止因养护不到位造成崩裂。

※ 案例11　上湾2号机组2021年10月26日流化床锅炉水冷壁泄漏

上湾热电厂2号机组为150MW超高压循环流化床机组，锅炉型号为DG520/13.7-Ⅱ1，系自然循环、单汽包、超高压循环流化床锅炉。单炉膛一次中间再热，岛式布置，于2009年12月投产。

1. 检查处理情况

进入炉膛检查，锅炉33m处左侧墙与前墙拐角处水冷壁8根水冷壁管发生泄漏。上湾2号炉水冷壁磨损泄漏见图D-59。

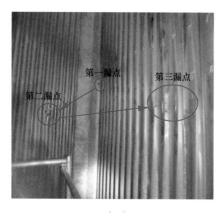
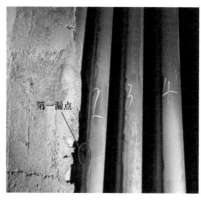

（a）　　　　　　　　　　　　（b）

图 D-59　上湾2号炉水冷壁磨损泄漏
（a）泄漏位置；（b）第一漏点为磨损减薄后拉裂

2. 原因分析

经分析，第一漏点位于左侧墙与前墙拐角的耐火材料与鳍片夹角处，该处水冷壁受贴壁回流灰磨损局部减薄，机组启动及调峰需求负荷大幅度变化，金属热膨胀过程中，受拐角处局部拉应力作用使该处水冷壁管被撕裂发生泄漏，泄漏水蒸气形成扇形吹损面，导致炉前墙及左侧墙18根水冷壁管和3根屏式过热器管被吹损、8根水冷壁发生泄漏，最终导致水位无法维持停机。

3. 防范措施

（1）针对此次事件，制定类似区域专项防磨措施，对特殊区域特殊位置制定更加严格的管理标准。类似区域水冷壁磨损超过20%时进行更换，同时对类似区域的鳍片焊缝进行详细检查。

（2）严格机组参数控制，在高负荷时对一、二次风量配比优化，避免一次风量过大加剧受热面磨损。

国家能源集团锅炉"四管"防磨防爆工作手册

※ 案例 12　西来峰 2 号机组 2021 年 4 月 6 日流化床锅炉水冷壁泄漏

内蒙古公司西来峰发电厂 2 号机组为 200MW 超高压循环流化床空冷发电机组，锅炉型号为 DG720/13.7-Ⅱ1，系超高压再热参数、单汽包自然循环、全钢架支吊结合的循环流化床锅炉，滚筒式冷渣器固态除渣，于 2010 年 12 月 25 日投产。

1. 检查处理情况

冷却后检查发现，7 号给煤口右侧耐磨耐火浇注料脱落，右侧水冷壁泄漏 2 根，由于泄漏管段的相互吹扫，原始漏点处破坏严重。给煤口右数第一根水冷壁发生泄漏后，导致上方水流量减少，该水冷壁上方约 20m 处管段发生爆口，爆口呈喇叭口状。泄漏水冷壁管规格 $\phi 60 \times 6.5mm$，材质 20G。西来峰 2 号炉水冷壁浇注料脱落磨损泄漏见图 D-60。

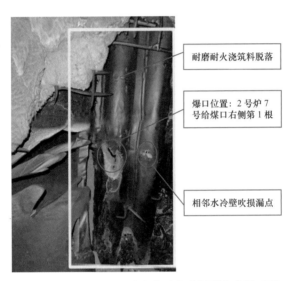

图 D-60　西来峰 2 号炉水冷壁浇注料脱落磨损泄漏

2. 原因分析

（1）7 号给煤口处水冷壁耐磨耐火浇注料脱落，水冷壁管裸露后直接与密相区物料接触，最终减薄直至泄漏。

（2）浇注料局部修补工艺差，与原有耐磨耐火浇注料结合强度不牢，经过长期高温及频繁膨胀收缩，导致松动脱落。

3. 防范措施

（1）针对给煤口处于锅炉密相区，环境恶劣，选用优质耐磨耐火浇注料，提高耐磨耐火浇注料使用寿命。并利用每次检修机会对耐磨耐火浇注料进行检查，对裂纹及空鼓部位及时进行重新敷设。改进给煤口耐磨耐火浇注料施工工艺，制定相应的技术措施。

（2）运行严格执行锅炉曲线，特别是锅炉启动过程中，严格控制受热面管壁温和工质温度变化速率，防止温度、压力突升突降，造成耐磨耐火浇注料脱落。

（五）管卡、定位管（块）裂纹、碰磨

受热面管子上用于固定管排的定位件一般焊接在管子上，如滑块或筋板等，当运行中存在膨胀、滑动不畅等情况，定位件与管子的焊缝上可能产生裂纹，并扩展到管子母材，造成管子撕裂泄漏。

管卡、定位管与受热面管子之间的晃动、振动是造成受热面管子磨损泄漏的原因。主要是通过防磨措施加以减缓，也可以通过改良管卡结构型式得到解决。

※ 案例 1　谏壁 12 号机组 2020 年 12 月 20 日前屏过热器泄漏

国电江苏谏壁发电有限公司 12 号机组锅炉为上海锅炉厂有限公司制造的 SG-1036/17.5–M867 型、亚临界压力、一次再热、控制循环、单炉膛倒 U 形露天布置、平衡通风、四角切向燃烧、固态排渣炉，机组于 2004 年 9 月投产。

1. 检查处理情况

（1）前屏过热器甲数第二屏前向后第 47~56 根管子局部吹损减薄超标或吹通，靠近的两根屏过定位管吹损减薄超标，其中一根局部吹通，泄漏标高位置 48m，共 12 根管子，其中弯管（前屏让管）2 根（$\phi 51 \times 6mm$），前屏管 8 根（$\phi 51 \times 6mm$），材质均为 12Cr1MoV，定屏管 2 根（$\phi 51 \times 7.5mm$），材质为 TP347H。现场将吹损及壁厚减薄超标的管子共 12 根进行了更换。

（2）对其他前屏过热器的让管支撑板焊缝打磨着色检查（共 14 只），发现第一、三屏乙侧让管支撑板焊缝局部裂纹，结合第 1~3 屏均是乙侧让管支撑板焊缝局部开裂，为稳妥起，把第四屏乙侧让管也更换，共换弯管 3 根。

谏壁 12 号炉前屏过热器泄漏见图 D-61。

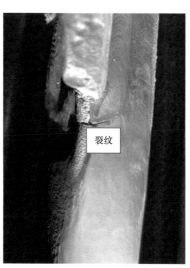

（a）　　　　　　　　　　　　　　　（b）

图 D–61　谏壁 12 号炉前屏过热器泄漏

（a）前屏过热器吹损情况；（b）支撑板焊缝裂纹泄漏

2. 原因分析

根据泄漏现场原始情况分析，此次过热器泄漏为甲数第二屏分隔屏让管上焊接的支撑板（支撑管屏定位管用）焊缝经长期运行后产生疲劳裂纹，裂纹扩大裂透管子造成泄漏。

3. 防范措施

（1）对运行 10 万 h 以上设备的构件进行全面排查评估，根据检查评估报告有计划地更换。

（2）控制滑参数停机次数及深度，打闸停机后采用锅炉闷炉方式自然冷却。

（3）全面梳理锅炉运行 10 万 h 以上的炉内高温承压管焊接附件，利用计划性检修机会全部进行着色检查

※ 案例 2 织金 1 号机组 2020 年 4 月 7 日高温再热器泄漏

织金公司 1 号发电机组为 660MW 超临界湿冷机组，锅炉型号 DG2076/25.73-Ⅱ 12 东方锅炉厂生产制造，主、再热蒸汽温度 573/573℃；燃烧器布置为 W 火焰，干除渣方式，于 2016 年 1 月 31 日投产。

1. 检查处理情况

冷炉后进入炉内检查发现高温再热器 A 侧第 24~26 屏中间突出部爆管。由于高温再热器第 24~26 屏爆漏后反复冲刷严重，原始爆口已无法找到，无法判断爆管原因，初步判断为第 25 屏某根管子泄漏后高温蒸汽冲刷周边管道及相邻的第 24、25 屏，导致爆漏扩大。

扩大检查范围，在第 20、22、24 屏相同部位发现管子连接筋板与管子焊接处有撕裂处，且第 22 屏第 5 根管子裂缝已泄漏，吹损了第 4 根管子。织金 1 号炉高温再热器泄漏见图 D-62

2. 原因分析

第 25 屏某根管子泄漏后高温蒸汽冲刷周边管道及相邻的第 24、25 屏，导致爆漏扩大。

此次泄漏是因东锅厂管屏固定筋板存在设计及制造缺陷，该处连接应采用可移动划销进行固定，不应采用刚性连接筋板，该设计不能有效释放管屏膨胀之后的应力，筋板虽已设置止裂孔，仍未起到应有的作用，导致相邻管壁撕裂。

22 屏第 4 根与第 5 根之间固定筋板焊缝裂纹

第 4 根被吹伤的位置

24 屏第 4 根与第 5 根之间固定筋板焊缝裂纹

（a）　　　　　　　　　　　　（b）

图 D-62　织金 1 号炉高温再热器泄漏

（a）泄漏吹损路径；（b）管屏固定筋板与管子焊接撕裂

3．防范措施

（1）利用停机机会，对高温再热器、高温过热器、分隔屏及后屏的固定、滑销装置进行全面排查，消除缺陷和隐患。

（2）全面审查锅炉图纸，对锅炉本体及受热面的膨胀体系及固定装置进行全面评估。

※ 案例 3　榆次 1 号机组 2018 年 11 月 9 日低温过热器泄漏

榆次 1 号锅炉为东方锅炉股份有限公司生产，亚临界、一次中间再热、自然循环汽包炉，型号为 DG1164/17.5-Ⅱ12，投产日期为 2010 年 1 月。

1．检查处理情况

检查发现，泄漏位置为后竖井烟道低温过热器左数第一排第 9~11 根管，第二排第 10、11 根管泄漏，同时第一排、第二排共计 11 根管有不同程度的吹损，两排中间的悬吊管也有吹损现象。分析第一排第 11 根管为首爆口，而其余管均为泄漏后蒸汽吹损所致，管子规格为 15CrMo、$\phi 57 \times 6mm$，共换管 18 根。榆次 1 号炉低温过热器泄漏见图 D-63。

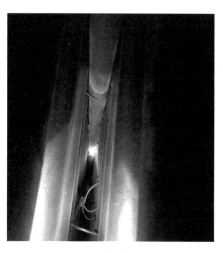 

（a）　　　　　　　　　　　　　　　（b）

图 D-63　榆次 1 号炉低温过热器泄漏

（a）低温过热器悬吊形式；（b）低温过热器水平管段和托架之间机械碰磨

2．原因分析

低温过热器水平管段由省煤器悬吊管上焊接的托架固定，运行时由于烟气气流和蒸汽介质变化、波动引起流场的振动和管子的膨胀、收缩，导致低温过热器水平管段和托架之间发生机械碰磨，造成低温过热器第一层左数第一排第 11 根管（首爆口）泄漏，泄漏后蒸汽吹损其余低温过热器水平管。

3．防范措施

（1）将低温过热器水平管段与省煤器悬吊管上焊接的托架部位，纳入防磨防爆重点检查范围。

（2）对锅炉快速冷却和ACE运行方式产生的影响进行深入研究并制定落实有效措施。

※ 案例4　再热器管夹磨损

1. 检查处理情况

管卡磨损再热器管壁，由于再热器管壁较薄，磨损造成管壁减薄泄漏。常见管夹与管子磨损缺陷见图D-64。

2. 原因分析

（1）管夹结构设计不合理，造成管夹端板与管子直接接触，管排运行中相对运动产生机械磨损。

（2）管夹在组装中间隙大，管卡采用有90°棱角的钢板冲压而成，边部没有倒圆，若装配不当，在碰磨中为点对点接触，非常容易对管壁造成损伤，管卡在设计上存在不足。运行中末级再热器管屏受烟气流动影响管排发生晃动，造成管夹对管子长期碰磨发生减薄，导致泄漏。

（a）　　　　　　　　　　（b）

图 D-64　管夹与管子磨损缺陷

（a）管夹固定管子形式；（b）管夹与管子碰磨缺陷

3. 防范措施

对管夹进行改造，改变原设计结构。将管夹由点接触改为面接触。将平管卡改为圆形手铸式管夹，改造前后管夹形式见图D-65、管夹改造后实际图片见图D-66。

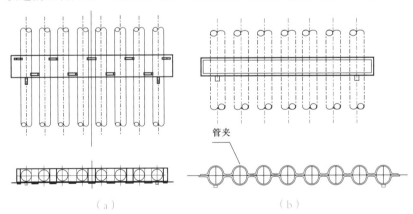

（a）　　　　　　　　　　（b）

图 D-65　改造前后管夹形式

（a）改造前管夹结构示意图；（b）改造后结构示意图

图 D–66　管夹改造后实际图片

※ 案例 5　定位管、夹持管碰磨磨损

1. 检查处理情况

屏式过热器定位管、夹持管机械碰磨严重减薄。

2. 原因分析

（1）后屏流体冷却定位管与后屏过热器之间的定位块运行中断裂；流体冷却定位管与后屏过热器炉前侧第一根管碰磨（最外圈管）碰磨。

（2）管子结构设计不合理，造成管子间相互接触，管排运行中相对运动产生机械磨损。

定位管、夹持管与管束常见碰磨情况如图 D–67 所示。

蒸汽冷却定位管内炉后位移脱离管屏

蒸汽冷却定位管直接与分割屏管上的滑块碰磨

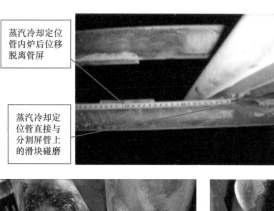 

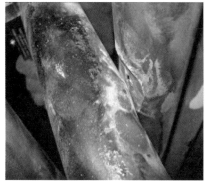 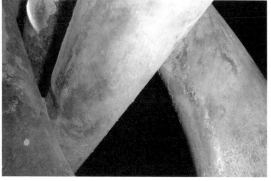

图 D-67　定位管、夹持管与管束常见碰磨

3. 防范措施

（1）恢复定位块，并对蒸汽冷却定位管沿程管段及管间连接件进行磨损检查处理。

（2）改变原设计结构，将弯管改为直管，使穿屏管移到管排外侧，在管排上安装用不锈钢铸造成的十字形管卡。

（3）采取防磨措施。

（六）受热面管内壁腐蚀

电站锅炉受热面内壁腐蚀常见种类包括电腐蚀、酸腐蚀、氢腐蚀、碱腐蚀、结垢等。电厂应做好全程化学监督工作，防止发生大面积腐蚀现象。

※ 案例 1　石横 4 号机组 2021 年 5 月 15 日水冷壁泄漏

石横公司 4 号机组容量 315MW，投运时间为 1997 年 12 月。4 号锅炉为上海锅炉厂制造的 SG1025.7/18.3-M840 型亚临界、一次中间再热、单炉膛、固态排渣、全钢架悬吊结构、控制循环汽包炉。

1. 检查处理情况

机组停运后进行内部检查，发现 15m 后墙处 E12 吹灰器中心线北数第 14 根爆裂，相邻共 8 根水冷壁管吹损减薄，合计更换 9 根水冷壁管。石横 4 号炉水冷壁管内壁腐蚀爆管见图 D-68。

图 D-68　石横 4 号炉水冷壁管内壁腐蚀爆管

2. 原因分析

（1）直接原因。分析认为，水冷壁管内壁存在腐蚀减薄及垢下氢腐蚀是造成 4 号炉水冷壁泄漏的直接原因。水冷壁管内壁向火侧附着有数量较多的铁的氧化物，锅炉运行期间，沉积物下局部过热、浓缩形成了酸性环境，酸和铁作用生成氢气，氢气在电化学腐蚀作用下，夺走了水冷壁管（碳钢材质，牌号为 20G）中的碳，使钢的性能急剧降低，局部承载力下降从而产生爆口泄漏。

（2）间接原因。

1）运行中水汽品质控制不好。凝泵、给水溶氧合格率偏低，导致炉水中含氧量偏高。

2）4 号机组停机检查时发现连排扩容器上部挡水板脱落，导致连排排污效果减弱，部分水汽重新进入系统，蒸汽向除氧器回收时对给水指标存在负面影响。

（3）历史检修情况

1）2020 年 12 月 29 日，4 号炉底部水冷壁发生泄漏，更换漏点管段及一处有较深沟槽的管段，同时对 19 处存在表面沟槽的管段进行焊补处理。

2）2021 年 2 月 9 日，利用停机对水冷壁进行了割管内窥镜检查，发现部分管段存在氢腐蚀现象，计划机组 B 级检修时再进行大面积换管（B 级检修计划 2021 年 10 月 18 日~11 月 21 日）。

3. 防范措施

（1）修订停炉保护措施，对于停机时间较长的情况采取十八胺成膜保护法，短期停机仍采用热炉放水余热烘干法。

（2）严格执行落实运行期间水汽品质监督，按照 GB/T 12145—2016 的要求控制给水、炉水和蒸汽的品质。

（3）利用 4 号机组 B 级检修的机会对锅炉水冷壁管进行全面割管抽检，确认腐蚀区域，制定更换施工计划，并按照 DL/T 794—2012 和《锅炉安全技术规程》（TSG 11—2020）的规定进行锅炉化学清洗和水压试验。

※ 案例 2　大同 7 号机组 2021 年 1 月 22 日水冷壁泄漏

大同厂（公司）7 号发电机组为 60 万 kW 亚临界压力自然循环直接空冷燃煤机组，于 2005 年 4 月 21 日投产。

锅炉为东方锅炉（集团）股份责任公司设计制造，型号为 DG2060/17.6-Ⅱ1，主再热蒸汽压力分别为 17.5/3.56MPa，主再热蒸汽温度为 541℃、燃烧方式前后墙对冲燃烧、一次中间再热、单炉膛平衡通风、固态排渣、尾部双烟道、紧身封闭、全钢构架的Ⅱ型汽包炉。整个炉膛四周为全焊式膜式水冷壁，炉膛热负荷高的区域采用了 $\phi 66.7 \times 8mm$，SA-210C 的内螺纹管以防止膜态沸腾，其余部位为光管。在炉膛的宽度方向上前、后墙各布置有 224 根水冷壁管，在炉膛深度方向两侧墙各布置有 182 根水冷壁管。

1. 检查处理情况

检查发现前墙左数第 23 根水冷壁管上有 3 处漏点（分别为 27.5m、28m 和 38.5m），泄漏管（前墙左数第 23 根水冷壁管）标高 27.5~38.5m 管段外壁有过热现象，覆膜检查，组织老化达 3 级，该泄漏管其他管段无老化现象，整体无明显胀粗，判断为短期过热。大同 7 号炉水冷壁焊口处管内壁腐蚀爆管见图 D-69。

图 D-69　大同 7 号炉水冷壁焊口处管内壁腐蚀爆管

对相应水冷壁入口联箱下水连接管（材质 $\phi 141 \times 16mm$、材质 SA-210C）切短节，对联箱进行内窥检查，联箱内无异物。

切除泄漏及吹损减薄超标管后，通过切口进行内窥检查，除燃烧器让位管外，未发现其余水冷壁管内壁有结垢腐蚀现象。

更换泄漏管（前墙第 23 根水冷壁管）及吹损超标管（前墙第 22 根水冷壁）。

2. 原因分析

（1）通过现场检查情况初步分析，由于水冷壁管安装焊口处结垢，形成垢下腐蚀，长期运行中，导致水冷壁管腐蚀减薄，造成泄漏。

（2）2019 年发生了由于炉水氢电导、含盐量长期超标所致水冷壁垢下腐蚀泄漏，2019、2020 年 C 级检修过程中，因内窥镜无法通过燃烧器、吹灰器让位管弯头部位，且未安排对弯管处进行割管检查，对结垢水冷壁受热面特别是燃烧器、吹灰器让位管之间进行全面检查并更换。

3. 防范措施

利用机组检修机会，对 7 号、8 号炉水冷壁受热面进行检查，重点对燃烧器、吹灰器处水冷壁让位管层间直管进行切割内窥检查，更换结垢腐蚀缺陷管。

※ 案例 3　元宝山 2 号机组 2019 年 8 月 4 日一级过热器泄漏

元宝山电厂号 2 锅炉为德国斯坦缪勒公司生产的亚临界、一次上升、中间再热本生直流锅炉，八角切圆、固态排渣，主蒸汽压力 18.5MPa，主蒸汽温度 545℃，再热蒸汽出口压力 4.15MPa，再热蒸汽出口温度 545℃，于 1985 年 12 月投产。

1. 检查处理情况

检查发现锅炉前墙 1.5m 处一级过热器入口管排从东到西第 33 排下 2、下 3 管段漏泄，33 排下 1 管段吹损减薄，34 排下 1~ 下 3 管段漏泄，34 排下 4 管段减薄，其中 34 排下 2 管段存在一处较大的减薄爆口，管排变形出列，导致相邻的 3 根二级过热器悬吊管吹损减薄。元宝山 7 号炉一级过热器内壁腐蚀爆管见图 D–70。

图 D–70　元宝山 7 号炉一级过热器内壁腐蚀爆管

更换一级过热器 7 根，二级过热器悬吊管 3 根。

2. 原因分析

将漏泄管段抛开检查发现内壁结垢严重，漏点附近管内壁腐蚀，存在多处腐蚀凹坑，根据上述情况分析此次漏泄为氧腐蚀所致。

3. 防范措施

（1）加强锅炉受热面化学监督工作，合理制定取样部位，及时了解管材内部情况并做好跟踪。

（2）结合机组停备性质及停炉时间长短选择合适的机组停备用防腐方法。

※ 案例 4　绥中 2 号机组 2016 年 8 月 8 日低温再热器内壁腐蚀

绥中电厂 2 号炉为俄罗斯塔罗干罗格锅炉厂生产的 ПП–2650–25–545 КТ 锅炉，左右对冲、固态排渣，主蒸汽压力 / 再热蒸汽出口压力 25/3.62MPa，主蒸汽温度 / 再热蒸汽出口温度 545/545℃。

1. 检查处理情况

检查 A、B 侧低温再热器下体发现个别管排管子存在内壁腐蚀缺陷，具体位置如下。

（1）2号炉A侧低温再热器下体管排前数第1–2联箱和7–8联箱外侧墙数第17、18、63、64排下体整体拉排，射线检查发现5根管存在内壁腐蚀缺陷位置如下：

A侧第1–2联箱外数第17排下2根管内壁存在腐蚀缺陷换管1根（按80排计数）；

A侧第7–8联箱外数第17排下1、2、4根管内壁存在腐蚀缺陷换管3根（按80排计数）；

A侧第7–8联箱外数第18排下1根管内壁存在腐蚀缺陷换管1根（按80排计数）。

（2）2号炉A侧低温再热器下体管排前数第5、6联箱外数第38排管进行拉排抽出进行内壁情况检查未发现腐蚀缺陷（按80排计数）。

（3）2号炉B侧低温再热器下体管排前数第1–2联箱和7–8联箱外侧墙数第17、18、63、64排下体整体拉排导波检查未发现腐蚀坑深度≥1.2mm的缺陷，随机抽取割管检查发现B侧1–2联箱外数第18排下1根管内壁存在腐蚀缺陷换管1根[机械焊口边缘存在1.3mm深的腐蚀坑缺陷，弯头出口水平段也存在1mm左右的腐蚀坑缺陷（按80排计数）]。绥中2号炉低温再热器内壁腐蚀检查情况见图D–71。

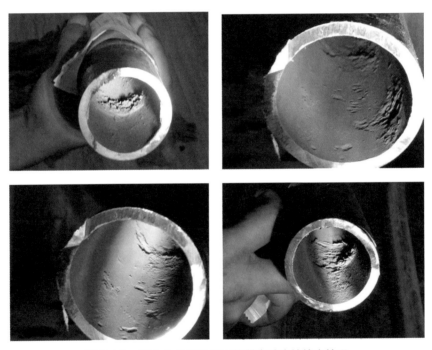

图D–71　绥中2号炉低温再热器内壁腐蚀检查情况

2. 原因分析

停炉防腐不当造成溶解氧腐蚀。

3. 处理措施

（1）更换腐蚀管段。

（2）研究完善停炉防腐方式。

※ 案例 5　三河 1 号机组 2011 年水冷壁垢下腐蚀泄漏

三河 1 号锅炉是由日本三菱重工神户造船所设计供货，其型号为 FB-RR。锅炉型式为亚临界参数、控制循环燃煤汽包炉、一次中间再热、单炉膛平衡通风、固态排渣、半露天布置、全钢构架的Π型汽包炉。

1. 检查处理情况：

（1）2011 年 6 月 16 日，27m 前墙水冷壁右侧第 3、4 根水冷壁管（$\phi 45 \times 4.7\text{mm}$，SA210-C，内螺纹管），第 3 根水冷壁管在向火侧有两处泄漏点，有两处鼓包。水冷壁管剖开后，内表面积垢较为严重，内壁厚薄不均、局部减薄严重，远低于正常壁厚，且内壁存在明显的宏观腐蚀裂纹。三河 1 号炉水冷壁泄漏管内壁腐蚀见图 D-72，水冷壁管内壁结垢情况见图 D-73。

图 D-72　三河 1 号炉水冷壁泄漏管内壁腐蚀

（2）2011 年 7 月 14 日，27.7m 左墙水冷壁左侧第 4、5 根水冷壁管（$\phi 45\text{mm} \times 4.7\text{mm}$，SA210-C，RIFLED）。第 5 根水冷壁管在向火侧有一处泄漏并且泄漏处鼓包，一处为直径约 5mm 的不规则条状泄漏口。

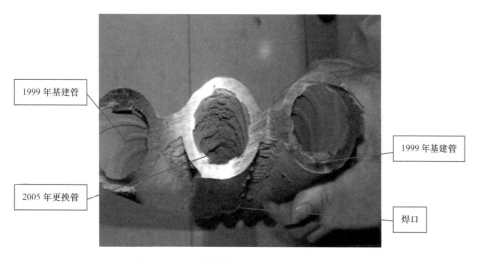

图 D-73　水冷壁管内壁结垢（对比）情况

2. 原因分析

2005 年 A 修换管，换管时内表面不良，更换前未严格执行化学清洗、压缩空气吹扫工艺。

3. 防范措施

（1）对 1 号炉水冷壁其他管子取样分析，确定积垢、腐蚀程度及力学性能损伤程度，确定严重积垢、垢下腐蚀的范围，进行更换。

（2）检修期间分别对水冷壁管，过热器、省煤器管以及 2005 年检修更换的 92 根管，2010 年、2011 年检修更换的部分水冷壁管割管取样，合计 122 根，累计换管 125 根，总长 177 米，更换后对 1 号炉进行化学清洗。

（七）高温腐蚀

当前，锅炉高温腐蚀有加重与腐蚀减薄加速的趋势。旋流燃烧器锅炉腐蚀减薄的区域一般发生在燃烧器区域两侧水冷壁等，高温腐蚀与水冷壁横向裂纹分布区域重合；四角切圆燃烧的锅炉腐蚀减薄的区域一般发生在上层燃烧器至 SOFA 风喷嘴区域。

锅炉低氮燃烧器改造采用煤粉分级配风，通过减少主燃烧器区二次风控制生成 NO_x 浓度，导致水冷壁区域烟气还原性气氛增强，易引起高温腐蚀。

高温腐蚀主要表现形式为硫腐蚀，腐蚀严重程度与水冷壁处烟气 CO 浓度呈很强地正相关关系；烟气 CO 浓度在 20000ppm 以上腐蚀减薄速率较快，烟气 CO 浓度在 10000ppm 以下的基本不发生高温腐蚀。

高温腐蚀与燃煤硫分呈正相关关系，燃煤硫分高的高温腐蚀也强。

※ 案例 1　丰城 2 号机组 2021 年 5 月 5 日水冷壁高温腐蚀泄漏

丰城公司 2 号炉为 HG-1025/18.2-YM6 型、亚临界控制循环汽包炉、单炉膛、一次中间再热、平衡通风、钢炉架、露天布置、固态排渣、四角切圆燃烧锅炉、π 形烟煤炉制造厂家为哈尔滨锅炉厂，投产日期为 1997 年 11 月。

1. 检查处理情况

从爆口形状及上下端向火侧管壁磨损情况分析，2 号炉 68 号短吹往扩建端数第 6 根水冷壁直管泄漏，爆口长度约 170mm，宽度约 27mm，爆口管壁减薄边沿非常锋利。丰城 2 号炉水冷壁高温腐蚀泄漏见图 D-74。

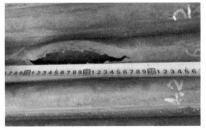

图 D-74　丰城 2 号炉水冷壁高温腐蚀泄漏

2. 原因分析

（1）水冷壁管喷涂防护层被吹损，喷涂保护层脱落后高温腐蚀加剧，造成管壁持续减薄，最终爆开。

（2）治理过程

2018 年 2 号机组 C 级检修前，电科院武汉分公司对 2 号炉炉内近壁气氛测试，试验结果表明即使是低负荷，如煤质硫分过高，此区域 H_2S 含量依旧很高，高温腐蚀依然严重。

2018 年 5~7 月 2 号机组 C 级检修期间，对高温腐蚀区域标高 26~35m 水冷壁管进行了全面更换，并对换管区域进行了防腐热喷涂，对前后墙水冷壁 6.3m 水平管及弯头进行了更换。

2019 年 10 月 2 号机组 C 级检修期间，针对炉膛挂焦、掉焦等情况，对 2 号炉切圆进行了调整，但效果不明显。

2020 年 10~11 月 2 号机组 A 级检修期间，对炉膛水冷壁进行黑体材料喷涂（含墙式再热器），同时对下水包多孔罩、节流圈、抱箍进行了更换。

2020 年 12 月 2 号机组 A 级检修后，电科院武汉分公司对 2 号炉水冷壁贴壁气氛进行测试，试验结果表明，前墙 1 号角上中层（前墙 1 号角 SOFA 风往下 1~2m），以及后墙 3 号角中层（3 号角 SOFA 风往下约 2m）处 H_2S、CO 浓度比较高，并建议在停炉检修期间作为重点检查区域，检查水冷壁管壁厚度。

3. 防范措施

（1）加强配煤掺烧管理。严把入厂、入炉煤品质关。运行人员及时了解实际燃用的煤质情况，掌握入炉煤的特性，及时采取相应的配风和燃烧调整等策略。

（2）对燃烧器进行整治，包括切圆调整及辅助风重新分配，改善贴壁气氛。

（3）掌握防磨防腐喷涂层寿命，结合机组计划检修，做好周期性的防磨防腐项目策划。

※ 案例 2　榆次 2 号机组 2020 年 10 月 14 日锅炉水冷壁泄漏

榆次 2 号锅炉为东方锅炉股份有限公司生产，亚临界、一次中间再热、自然循环汽包炉，型号为 DG1164/17.5–Ⅱ12，投产日期为 2010 年 1 月。

1. 检查处理情况

爆破位置位于前墙左侧，C/D 层燃烧器之间，标高 24m，从左至右数第 53 根管。爆破口宏观现象为长喇叭状，最长处 130mm，最宽处 45mm，爆口边缘处壁厚 1.1~2mm，爆口靠近鳍片附近壁厚 6mm，爆口上下 100mm 外壁厚 4mm 左右，爆口在水冷壁管的最中间部位，没有胀粗现象。榆次 2 号炉水冷壁高温腐蚀泄漏位置及形貌见图 D–75。

经过对炉内燃烧器区域和燃尽风区域每根水冷壁管清焦打磨和测厚检查后，确定超标水冷壁管需要更换 571 根。

（a）　　　　　　　　　　　（b）　　　　　　　　　（c）

图 D-75　榆次 2 号炉水冷壁高温腐蚀泄漏位置及形貌
（a）泄漏位于前墙，C/D 层燃烧器之间；（b）泄漏点形貌；（c）泄漏点周围情况

2. 原因分析

深度调峰长时间超低负荷运行环境下，燃用含硫量偏高的入炉煤燃烧，造成强还原气氛下硫化氢浓度太高，使得 C 层以上至燃尽风区域的高温硫腐蚀严重加剧。爆破管局部壁厚减薄后强度不足爆破。

（1）分析本次超标换管区域，各墙腐蚀程度不一，区域也无规律，但左墙、后墙 C、D、E 层燃烧器区域，前墙燃尽风区域水冷壁管腐蚀较严重，本次爆管即位于该区域。

（2）目前燃用煤种偏离设计煤种较多，入炉煤量明显增高，一次风率及一次风速明显增高，出现火焰刷墙及燃烧滞后现象，入炉煤含硫量偏高，造成还原性气氛（主要 H_2S）含量明显增高，同时熔融态硫酸盐大面积附着于水冷壁，造成硫腐蚀严重。

（3）2 号炉一直参与深度调峰，长时间在超低负荷（30%~40% 负荷）运行，此时只投运 A/B/C 层燃烧器，C 层以上至燃尽风区域均为强还原性气氛，高温腐蚀严重加剧。燃煤中的硫分在强还原性气氛下生成 H_2S，腐蚀水冷壁管。

3. 防范措施

（1）开展燃烧调整试验。联系西安热工院或电科院通过燃烧调整试验，改善炉内空气动力场，消除煤粉气流刷墙现象；调节氧量及配风方式，使壁面气氛达到合格。

（2）研究将腐蚀区域整体进行更换。

（3）采用水冷壁喷涂，防护水冷壁腐蚀。

（4）严格控制掺烧高硫煤。改善煤质，使脱硫入口 SO_2 浓度严格控制在 $4200mg/m^3$ 以下，炉膛出口 NO_x 控制在 $500\sim550mg/m^3$。

（5）调研加贴壁风改造的燃烧器技术。

（6）加强 2 号机组深度调峰下炉膛氧量和 CO 浓度的测试和控制。

※ 案例 3　石横 5 号机组 2020 年 9 月 14 日水冷壁泄漏

石横公司 5 号机组配备锅炉为上海锅炉厂有限公司制造的亚临界压力中间一次再热控制循环锅炉，SG-1025/17.5-M899 型锅炉，单炉膛 Ⅱ 形露天布置，四角切向燃烧，摆动喷嘴调温，平衡通风，固态排渣，全钢架悬吊结构，燃用烟煤，投产时间为 2007 年 8 月。

1. 检查处理情况

检查发现，B5 吹灰器中心线北数第 5~59 根水冷壁管减薄特征相同，表面不平整、呈偏黑色。第 32 根、第 33 根出现两个减薄后的较小漏点。其他管壁厚最薄数值 2.32mm，减薄各管厚度差距小，符合高温腐蚀特征。合计更换 55 根水冷壁管。石横 5 号炉水冷壁高温腐蚀泄漏形貌见图 D-76。

图 D-76　石横 5 号炉水冷壁高温腐蚀泄漏形貌

2. 原因分析

（1）入炉煤硫分明显偏高。2020 年入炉煤配煤单含硫量数据平均为 1.32%，剔除部分环保要求控制入炉煤含硫量的特殊时段，在很多时段入炉煤含硫量在 1.5% 以上，原烟气 SO_2 浓度长时间在 3000mg/Nm³ 以上运行，甚至较长时间在 4000mg/Nm³ 以上运行，具体情况见下图所示。同时，由于高硫煤种是高热值煤，为保证机组接带高负荷，高硫煤主要在 B、C、D 磨煤机使用，这与 B 层燃烧器区域水冷壁腐蚀严重相一致。

（2）低氮改造后，主燃烧器区域严重缺氧。锅炉于 2013 年进行低 NO_x 燃烧器改造，采用了烟台龙源的低 NO_x 燃烧器。该燃烧器为早期产品，对煤种的适应性较差，燃烧过程迟滞明显，存在局部缺氧情况。且未安装还原性气氛浓度检测孔，不能掌握主燃烧器区域 H_2S 及 CO 浓度情况。

（3）煤粉细度未定期严格检测，煤种变化较大，且未安装动态分离器；不排除煤粉细度偏大带来的高温腐蚀。

（4）锅炉长期运行，不能排除炉内燃烧切圆存在偏离或偏大情况。因低 NO_x 燃烧器改造，炉内动力场发生变化，为保证超低排放要求，锅炉氧量允许波动范围更小，对运行调整提出了更高的要求。在机组负荷增加幅度较大时，若锅炉风量调节速度不及时，容易发生短时间缺氧的情况，局部产生还原性氛围引起灰熔点下降造成锅炉结焦。2019 年 12 月份以来，5 号锅炉过热器减温水流量偏大，6 号锅炉多次发生频繁大面积掉焦的情况，也证明了锅炉存在比较明显的结焦情况。

（5）因部分吹灰器区域也存在较明显的水冷壁管壁减薄，不能排除吹灰器疏水不彻底等不利影响。

3. 防范措施

（1）针对水冷壁局部磨损现象，核实炉内燃烧切圆是否偏大、偏斜，导致燃烧气流刷墙等。

（2）对各磨煤机煤粉细度检测，防止煤粉偏粗，考虑其他动态分离器技术改造。

（3）确认吹灰器吹灰蒸汽过热度、压力，根据蒸汽温度和压力值设置闭锁逻辑。

（4）硫分平均约1.32%，个别煤种1.87%左右，为防止高温腐蚀现象，重点控制入炉煤硫分。

（5）适当提高主燃烧区域的含氧量；加装还原性气氛检测孔，定期对水冷壁附近 H_2S 及 CO 检测等。

（6）跟踪加装贴壁风技术及熔敷焊防腐技术等。

（7）开展锅炉燃烧调整试验，改变了锅炉配风方式和最低氧量要求，对制粉系统一次风管煤粉浓度、煤粉细度及一次风速进行热态调平。

（8）针对5号炉高温腐蚀情况，做好5号炉的水冷壁腐蚀检查及制粉系统和燃烧系统的优化调整等。

※ 案例4　达州32号机组2020年6月17日壁式再热器泄漏

32号锅炉型号为DG1025/17.4-Ⅱ4、亚临界参数、四角切圆（逆时针旋转）低氮燃烧方式、自然循环汽包炉，单炉膛Π型全钢架、全悬吊结构燃煤，设备制造厂家为东方锅炉（集团）股份有限公司，投产日期为2008年6月。

1. 检查处理情况

检查发现，标高44.96m处左侧墙壁式再热器炉后往炉前数第1根管爆管（规格 $\Phi 60 \times 4mm$，材质12Cr1MoVG），并向炉后方向冲刷附近水冷壁管，水冷壁管泄漏2根，冲刷减薄严重5根。断口上方1m管段范围的管壁上存在明显表面周向裂纹，断口下方1.3m管段范围内存在4处明显周向裂纹，断口处管段壁厚无减薄现象，存在裂纹部位均覆盖有结焦，无结焦部位未发现有裂纹。达州32号炉壁式再热器高温腐蚀泄漏见图D-77。

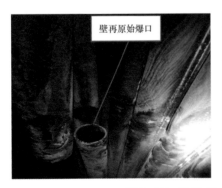
壁再原始爆口

壁再断口下方管子外部裂纹放大图

图 D-77　达州32号炉壁式再热器高温腐蚀泄漏

2. 原因分析

（1）汽机高压缸排汽对外供热，壁再存在高温腐蚀现象。

（2）入炉煤偏离设计值较大，热值和挥发分偏低，灰分偏大。

（3）管子断口试样送电科院检验。

3. 防范措施

（1）加强配煤掺烧管理。

（2）优化锅炉运行调整，控制壁式再热器金属温度水平。

※ 案例 5　荆州 2 号机组 2020 年 3 月 23 日水冷壁泄漏

荆州公司 2 号发电机组为 33 万 kW 亚临界氢冷燃煤机组，锅炉型号为 SG-1060/17.5-M738，上海锅炉厂出产。主、再热蒸汽温度为 540/540℃，四角切圆，刮板捞渣机连续排渣，于 2009 年 12 月 30 日投产。

1. 检查处理情况

检查发现，泄漏位置为左墙标高约 29.5m、炉前向炉后数 51 根水冷壁管（左墙共 142 根管子）。左墙爆口处向下 0.6m、向上 1.2m 及炉前向炉后数第 7~71 根区域发生大面积腐蚀减薄，最薄处 2.8~3.0mm，边缘区 5.0~6.0mm，管壁弧面的两侧都有减薄。水冷壁材质 SA210C，规格 $\phi 60 \times 6.3$mm。荆州 2 号炉水冷壁高温腐蚀泄漏图见图 D-78。

2. 原因分析

（1）入炉煤硫分含量大幅升高对炉膛水冷壁的腐蚀影响。

（2）左侧墙水冷壁管迎风面有冲刷减薄现象，机组运行中存在燃烧切圆偏移的问题。

3. 防范措施

（1）控制入炉煤硫分，缓解水冷壁高温腐蚀。

（2）机组启动前进行一次风调平试验。

（a）　　　　　　　　　　　（b）

图 D-78　荆州 2 号炉水冷壁高温腐蚀泄漏

（a）泄漏点形貌；（b）水冷壁高温腐蚀现象

（3）进行锅炉燃烧调整试验，在兼顾 NO_x 排放达标前提下，适当提高炉膛出口氧量。

（4）定期开展还原性气氛检测工作，论证贴壁风改造的可行性。

（八）长期过热

长期过热指较长时间内，实际壁温小幅度超出管子的正常设计壁温，造成管子长时过热，从而导致材质严重劣化，最终导致爆管泄漏。

超温原因有设计因素，包括热偏差考虑不足、选材缺少安全裕度、壁温报警定值设置不合理等；运行因素包括运行调整不当、设备存在问题未达到设计值等。

※ 案例 1　宝庆 2 号机组 2020 年 4 月 24 日低温再热器泄漏

锅炉为东方电气集团东方锅炉股份有限公司制造的国产超临界参数变压直流型锅炉，锅炉型号为：DG2070/25.4–Ⅱ9 型。锅炉本体采用Π型布置，一次中间再热、单炉膛、尾部双烟道结构，固态排渣，全钢构架，全悬吊结构，平衡通风、露天布置、前后墙对冲燃烧方式，2012 年 4 月投产。

1. 检查处理情况

检查发现，低温再热器垂直段炉左往炉右数第 39 屏（共 84 屏），炉前往炉后数第 1 根（共 12 根，12Cr1MoVG，$\phi 50.8 \times 4mm$）管子爆破，爆口位置位于顶棚下方约 1m 处，爆口下方 25mm 处有一处轴向开裂裂纹，裂纹长约 60mm，爆口约 $80 \times 10mm$。爆口泄漏蒸汽吹损附近的前包墙拉稀管左数第 38 屏前数第 2 根管子（吹损后泄漏孔 $\phi 3mm$），前包墙拉稀管左数第 37 屏前数第 2 根、第 38 屏第 1 根、第 39 屏第 2 根、第 40 屏第 1 根管子，吹损减薄。宝庆 2 号炉低温再热器过热爆管见图 D–79。

图 D–79　宝庆 2 号炉低温再热器过热爆管形貌

更换爆破以及吹损管子，共更换低温再热器垂直段管子 2 根（切低温再热器垂直段第 38 屏第 1 根作为对比取样管），前包墙拉稀管 5 根，焊口经射线检测全部合格，期间切低温再热器垂直段第 39、40、42 屏第 1 根水平烟道底部处，内窥镜检查氧化皮，仅爆管的第 39 屏第 1 根管子内有极少量氧化皮脱落堆积情况。

2. 原因分析

（1）取样管送湖南电科院进行理化检测，结论如下。

1）39-1（低温再热器垂直段炉左往炉右数第 39 屏，炉前往炉后数第 1 根，下同）管子爆口呈脆性断口特征，爆口边缘为钝边、壁厚无明显减薄，爆口上下管径胀粗不明显，爆口周围存在众多细小轴向开裂裂纹，这些特征是管子长期过热爆口的典型特征。

2）39-1 管子向火侧和 38-1 管子向火侧的抗拉强度均远低于标准要求。

3）泄漏管子 39-1 向火侧内外壁均有明显的氧化层龟裂和脱落现象。爆口处向火侧及附近直管段向火侧内外壁均具有较厚的氧化层。较厚的氧化层，一方面，由于氧化层传热能力较差，管内蒸汽不能有效冷却管壁，导致管壁温度升高，加剧管子超温老化；另一方面会减少再热器管的有效壁厚，降低管子强度。

4）低温再热器垂直段管子长期在高温条件下运行，珠光体组织已严重球化，并有晶界裂纹形成。

综上所述：低温再热器垂直段管子内壁氧化层增厚影响传热效果，管壁得不到管内蒸汽有效冷却，导致管壁长期过热运行，爆口处向火侧及直管段向火侧组织已严重球化，珠光体形态已完全消失，材质发生劣化，且在长期过热运行中向火侧内外壁逐步生成氧化层，减少了管子有效壁厚，进一步降低了管子强度。低温再热器垂直段管子力学性能下降明显，产生晶界裂纹后在长期过热运行过程中，裂纹沿着晶界不断形成和发展，最终导致管子高温强度不能满足最小运行要求后而发生泄漏。

（2）机组 2015 年检修期间，为解决当时存在的再热器汽温偏低问题，在东方锅炉厂指导协助下，进行了低温再热器增加受热面改造，在低温再热器上层水平段增加了一段"倒 U 形"弯，增加受热面面积约 2600m^2。

（3）2017 年低氮改造、燃用强结焦性煤种。

（4）炉膛出口烟温升高，引起受热面壁温升高。

3. 防范措施

（1）加强锅炉受热面金属及化学监督工作，合理制定取样部位，及时了解管材情况并做好跟踪。

（2）加强运行调整，加强机组燃烧状况以及各受热面汽温、壁温、炉膛出口烟温等参数变化监视，严格控制锅炉受热面汽温变化速率，防止汽温、壁温超温。

（3）加强入炉煤煤质管理，及时调整煤粉细度以及配煤掺烧方式并采取有针对性的燃烧调整措施，防止燃烧配风不匹配、煤粉燃烧推后、锅炉结焦等原因造成的火焰中心上移，降低炉膛出口烟温。

（4）加强炉膛定期吹灰管理，防止因受热面结焦导致炉膛出口烟温上升。

（5）联系东方锅炉厂对各受热面热负荷分布进行整体校核计算，特别对 2015 年进行的低温再热器增加受热面改造在煤种和锅炉燃烧状况变化后的重新计算评估。

（6）利用 2020 年机组检修机会，对低温再热器垂直段扩大面积取样检测、评定材质和寿命评估，对不符合标准的管子及时更换或材质升级。

※ 案例 2　柳州 1 号机组 2020 年 5 月 23 日包墙过热器爆管

柳州 1、2 号锅炉为哈尔滨锅炉厂有限责任公司自主开发设计、制造的具有自主知识产权的超临界 350MW 锅炉。锅炉炉型是 HG-1150/25.4-YM1 型，为一次中间再热、超临界压力变压运行直流锅炉，引、送、一次风机采用单列式布置。2016 年 10 月 27 日机组通过 168 小时满负荷试运投产。

1. 检查处理情况

（1）进入炉内检查，发现右侧包墙过热器第 5 根管爆管，爆口处残片缺失，断裂面一侧边缘减薄明显，另一侧有明显撕扯变形，爆口长 100mm、宽 60mm，呈椭圆形。爆口外部周边有较多细小网状裂纹，爆口内部边缘较多纵向裂纹。右侧包墙过热器第 4 根管明显胀粗（临近第 5 根管爆管位置），外壁有较多细小网状裂纹。

（2）对周围受热面进行全面检查，发现低温再热器垂直段有明显吹损，测厚检查有 10 根管段减薄超过原壁厚的 25%（1mm）。

柳州 1 号炉包墙过热器过热爆管形貌见图 D-80。

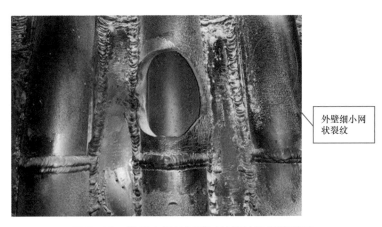

图 D-80　柳州 1 号炉包墙过热器过热爆管形貌

（3）异物检查：割除右侧包墙过热器第 4、5 根胀粗超标管段。用内窥镜分别对割除部位至上、下联箱管口进行检查，未发现异物。割开下部环形联箱手孔用内窥镜对联箱内部进行全面检查，未发现异物。割开上联箱 4、5、10 号管段，用内窥镜对上联箱内部进行检查，未发现异物。对下部环形联箱疏水管道弯头及阀门前进行射线检查，未发现异物。

（4）处理情况。

1）炉膛检查确定低温再热器吹损 10 根管，割除约 1.5m(材质为 12Cr1MoV，规格 φ57×4mm)，全部更换（共计焊口 30 道）。

2）右侧包墙过热器割除 5 段，分别对 4 号、5 号管爆口处及出口集箱 4、5、10 号管接

头管段全部更换。（材质 15CrMo，规格 φ63.5×10.5，焊口共计 10 道）

3）低温再热器管焊口共计 30 道，集箱手孔焊口 3 道，包墙过热器管焊口共计 10 道。

4）为了在运行期间更好地监视包墙过热器该区域的壁温情况，左右侧 1–8、56、57 号管出口分别增加了 10 个壁温测点。

5）为了减少该区域管子的吸热量，防止超温爆管，在右包墙 3、4、5、6 四根管从吹灰器孔向顶棚方向，每间隔 500mm 覆盖 1m 30~40mm 厚的浇注料；同时对下方吹灰器区域管排覆盖 30~40mm 厚的浇注料。

2. 原因分析

侧包墙管排结构不合理，出入口联箱进出汽方式、管排的结构形式及集箱开孔尺寸偏差等因素导致蒸汽流量分布偏差，使 4、5 号管子流量偏低冷却不足，长期过热超温，导致爆管。加装壁温测点后，运行中 4、5 号管表现为温度波动，高负荷时偏差更大，超过管材允许值。

3. 防范措施：

（1）左、右侧包墙过热器第 1–8、56、57 号管各增加 10 个壁温测点，监视运行温度。发现温度异常情况及时进行控制，确保不发生管壁超温。

（2）为了减少 4、5 号管的吸热量，防止超温爆管，在该区域覆盖了 30~40mm 的浇注料。

（3）与哈尔滨锅炉厂沟通，借鉴已发生多起同类型故障治理经验，制定偏差管升级及保温措施。

※ 案例 3　怀安 1 号机组 2017 年 3 月 25 日末级过热器爆管

国电怀安热电有限公司一期工程建设 2×330MW 空冷燃煤供热机组，锅炉为上海锅炉厂有限公司制造的亚临界压力一次中间再热自然循环汽包炉，锅炉型号为 SG-1178/17.5-M724 型，1 号机组于 2007 年 12 月份投产。

1. 检查处理情况

检查末级过热器炉内受热面管道发生爆管泄漏，爆口位置为末级过热器左数 42 排，前数第 3 根下弯头管夹上部直管，标高 50m 左右。该管材质为 SA213-T23，规格为 Φ51×7 mm。

末级过热器受热面 41-2、41-3、42-2 管冲刷泄漏，41-1、41-4、42-4 减薄。割取 42 排前数第 2 根管段（42-2），42 排前数第 3 根管段（42-3），42 排前数第 4 根管段（42-4），同时割取末级过热器右数第 10 排前数第 1 根管段（炉右 10-1），末级过热器左数 15 排前数第 1 根管段（炉左 15-1）共 5 根管送至国电科学技术研究院进行爆管原因分析。

根据结论分析情况，本次爆管造成更换 41-1、41-2、41-3、41-4、42-1、42-2、42-3、42-4 下弯头，42-3 更换直管段较长，从下弯头至上 2m 左右，全部更换为 SA213-T91 材料，共 23 道焊口。怀安 1 号炉末级过热器爆管形貌见图 D-81。

图 D-81　怀安 1 号炉末级过热器爆管形貌

2. 原因分析

机械性能试验、金相试验结果分析，结论为末级过热器 4 号（42-3）管主要是由于长期超温（幅度不大）造成的蠕胀泄漏。

（1）锅炉末级过热器受热面管子存在长期超温过热现象。

（2）锅炉末级过热器受热面 SA213-T23 材质的管子不同程度存在内壁、外壁脱碳现象，内壁存在氧化层，球化等级最高达到 3.5 级；部分管子的机械性能指标也低于标准要求。

3. 防范措施

（1）运行人员应采取措施加大汽温控制力度，运行中尽量避免大范围负荷变动，杜绝受热面超温现象。

（2）对末级过热器下弯头处管子进行氧化皮厚度和堆积量定期监督，根据监督情况采取必要的措施。

（3）加强对末级过热器的金属监督工作，利用大小修机会进行割管取样检查，对金属的金相组织、力学性能等指标监测锅炉受热面变化情况和变化趋势。

※ 案例 4　准格尔 1 号机组 2015 年 11 月 28 日后屏过热器弯头泄漏

准格尔 1 号锅炉是北京巴布科克·威尔科克斯有限公司生产的亚临界参数、自然循环汽包锅炉，采用前后墙对冲燃烧方式，一次中间再热、单炉膛平衡通风、固态排渣、紧身封闭、全钢构架，∏ 型布置，于 2002 年 4 月竣工投产。

1. 检查处理情况

检查发现，47m 后屏第 3 屏第 2 根管弯管处与第 5 根管直管（第 2 根与第 5 根管为 U 形连接）处分别发生泄漏。金相检验分析结果弯管处爆口金相组织老化级别为 5 级，确认为长期过热。准格尔 1 号炉后屏过热器爆管形貌见图 D-82。

2. 原因分析

爆口弯管可能在出厂前存在潜在弯制缺陷存留在母材内，低氮燃烧改造后，炉内温度场发生变化诱发该缺陷的暴露速度，最终导致弯管处出现长期过热爆口。

3. 防范措施

（1）开展 1 号机组锅炉燃烧温度场分布诊断测试，根据测试结果调整锅炉燃烧。

（2）用 2016 年 2 号机组 A 修机会，开展对锅炉屏过管排全寿命老化检测。

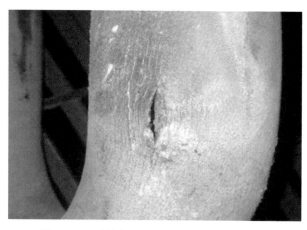

图 D-82　准格尔 1 号炉后屏过热器爆管形貌

※ 案例 5　锦界 1 号机组 2014 年 10 月 26 日末级再热器下弯头爆漏

锦能公司 1 号炉是上锅生产的 SG-2093/17.5-M910 型亚临界参数 Ⅱ 形汽包炉。锅炉采用控制循环、一次中间再热、单炉膛、四角切圆燃烧方式、燃烧器摆动调温、平衡通风、固态排渣、全钢悬吊结构、紧身封闭布置。

1. 检查处理情况

末级再热器入口段右数第 19 排第 5 根下弯头背弧泄漏。锦界 1 号炉末级再热器爆管形貌见图 D-83。

2. 原因分析

（1）末级再热器入口段右数第 19 排第 5 根，材质：12Cr1MoV，下弯头背弧侧发生泄漏主要是由于长期过热导致。该管除了弯头部位组织球化已达 5 级，垂直段和水平段组织球化均为 4.5 级，可见蠕变孔洞。

（2）末级再热器入口段右数第 18 排第 5 根下弯头部位组织球化已达 5 级，垂直段组织球化 4.5 级，局部力学性能不合格，需要对该管段进行更换。

（3）低氮燃烧改造后切圆有偏差，局部过热（600μm 氧化皮厚度），推算其当量壁温达到 593℃。

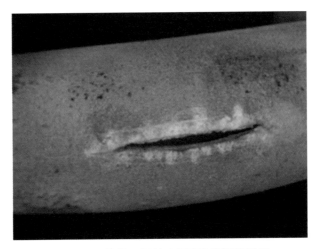

图 D-83　锦界 1 号炉末级再热器爆管形貌

3. 防范措施

将末级再热器 5、6 号下弯头材质由 12Cr1MoV 升级为 T91 管材。

（九）异物堵塞

异物堵塞是指受热面管子由于异物的存在，造成通流面积减小、阻力增大，流经管子的介质流量减少，对管子冷却能力下降，管壁温度上升，当受热面管材高温强度不足时发生爆管。

异物一般是由于制造、安装残留，检修中如果未做好洁净化施工管理，也有异物进入的可能。

※ 案例 1　九江 2 号机组 2020 年 4 月 6 日高温过热器泄漏

九江 1 号、2 号机组锅炉为东方锅炉厂生产的 1000MW 超超临界变压运行直流炉，单炉膛、一次中间再热、前后墙对冲燃烧方式、固态排渣、全钢架悬吊结构、Π 型布置锅炉。2 号机组于 2018 年 6 月 20 日投产。

1. 检查处理情况

检查发现高温过热器出口管屏左数第 18 屏前数第 14 根在顶棚下约 4 米处发生爆管。泄漏点为典型的短期过热爆口，存在介质流量不足或流速较低的现象，判定为异物堵塞。九江 2 号炉高温过热器爆管形貌见图 D-84。

2. 原因分析

本次爆管的管子于 2020 年 4 月 10 日因大罩内弯头泄漏而进行过更换弯头及割开下弯头检查清理作业，并于 4 月 18 日启动。根据现场对该管的各项检查及水溶纸模拟试验结果综合分析，焊接中所采用的水溶纸在焊口热处理过程中发生硬化堵塞管径，造成该管在运行中发生短期过热爆管，机组被迫停运。

图 D–84　九江 2 号炉高温过热器爆管形貌

3. 防范措施

（1）对 2 号炉高温过热器出口集箱左数 18 屏第 13 根管炉内部分全部更换。

（2）对 2 号炉大罩内高温过热器入口集箱左数 18 屏第 14 根管闷管，管道全部割除，保留管座 120mm。

（3）确定水溶纸使用工艺：卷成漏斗状，塞入管中距离焊口 150~200mm，确保水溶纸避开焊缝热处理影响区，在确保形成气室的前提下尽量减少水溶纸用量，并做好过程影像记录。

（4）增加部分金属壁温测点，制定 2 号炉壁温检测措施。

※ 案例 2　寿光 1 号机组 2019 年 6 月 17 日高温过热器壁温偏高停炉

寿光 1 号锅炉为东方锅炉厂生产的超超临界参数变压运行直流锅炉，锅炉型号为 DG3002/29.3/623℃/605℃–Ⅱ1。采用一次中间再热、单炉膛、平衡通风、固态排渣、露天布置（考虑到建筑景观要求，采用局部封闭）、全钢构架，锅炉采用 π 形布置方式，前后墙对冲燃烧。

1. 检查处理情况

对高温过热器入口集箱中间手孔进行切割（材质 P91 ϕ130×25mm），内窥镜检查发现左数 18 排管口附近集箱底部有一异物（长 62mm× 宽 20mm× 厚 5mm）。经光谱分析，材质与 12Cr1MoV 焊材 R317 焊条焊接后的产物相符。寿光 1 号炉高温过热器入口联箱异物形貌见图 D–85。

对屏式过热器入口集箱（材质）进行集箱内部清洁度用内窥镜扩检；对高温过热器左数第 17、18、19 屏 156 个下弯头经射线检查，未发现弯头内有异物。对第 18 屏 9~13 管 T91、T92、SUPER304H 部分材质进行硬度、胀粗测量、金相检验，数据指标都在标准范围内，未发现异常。

2. 原因分析

经图纸核查及现场检查，可能存在管道安装焊口焊接时，焊工错用焊材 R317

（12Cr1MoV 焊材），然后使用气割将错用部分进行切割，形成 R317 焊缝的切割遗留物留存在连接管道内，在机组启动过程中，掉落进高温过热器入口集箱。

图 D-85　寿光 1 号炉高温过热器入口联箱异物形貌

3. 预控措施

安装及检修过程中，严格落实洁净化施工标准，严防异物进入受热面管子内。

※ 案例 3　大同 8 号机组 2019 年 5 月 7 日锅炉水冷壁爆管

东方锅炉厂生产的亚临界参数自然循环锅炉，前后墙对冲燃烧、单炉膛、一次中间再热、固态排渣、尾部双烟道、全钢构架的 Π 形汽包锅炉，投产时间为 2005 年 5 月。

1. 检查处理情况

检查发现 8 号炉左侧墙标高 26m（第二层燃烧器附近），后墙起第 9 根水冷壁向火面发生爆破。

2. 原因分析

泄漏水冷壁检修过程中杂物清理不彻底，检修杂物残留在水冷壁管内，局部堵塞水冷壁管，致使该水冷壁管内水流异常减少，在锅炉运行中过热蠕胀，最终爆管。

在锅炉水冷壁管检修过程中，对管口封堵采用普通卫生纸而非水溶纸，部分管口切开后封堵不及时，同时对切割管口及管道焊口打磨所产生的铁屑、杂物清理不彻底，导致其残留管道内，落入水冷壁下联箱内部。

3. 防范措施

（1）提高锅炉受热面管检修工艺，受热面管切开后，采用水溶纸及时对切口进行严密封堵，禁止采用普通卫生纸封堵切口，防止临时封堵物清理不彻底堵塞管道。

（2）执行洁净化施工要求，确保每一根管切开后及时封堵割管部位，并将打口产生的铁屑在焊接前用吸尘器清理干净，防止检修产生的异物进入系统内部堵塞水冷壁管造成的过热爆管。

（3）设专人严格锅炉检修期间磨头、旋转锉等工件的使用管理，建立台账，详细登记领用、交回数量，防止工件遗留在受热面内。

※ 案例 4　台山 1 号机组 2013 年 10 月 4 日水冷壁过热爆管

台山 1 号锅炉是上锅生产的亚临界、控制循环、四角切圆直流燃烧器、一次中间再热、单炉膛平衡通风、固态排渣、全钢构架的汽包炉。过热器出口温度为 541℃，再热器出口温度为 541℃。

1. 检查处理情况

1 号炉水冷壁 3 号角水冷套左墙内至外数第 2 根弯头处因异物堵塞，过热爆管。台山 1 号炉水冷壁过热爆管见图 D-86。

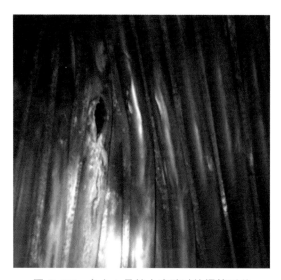

图 D-86　台山 1 号炉水冷壁过热爆管形貌

2. 原因分析

施工人员换管位置空间狭小，在管子下口用机械切割后，因施工难度大采用气割方式切割鳍片，未严格执行水冷壁换管洁净化施工措施，造成异物进入管道。上海锅炉厂在水冷套制造过程中热校正时工艺控制不当，热校正时校正温度超过工艺规定温度，机组经长期运行，在压力和高温下水冷套热校正区域的应力进一步释放，应力在释放过程中使得校正区域产生胀粗。

3. 采取措施

（1）完善水冷壁鳍片切割和管道切割工艺标准，禁止采用气切割，做好管道下口有效封堵措施。

（2）对水冷套鼓包问题列为隐患管控，落实各项管控措施，对水冷套鼓包检查测量情况建立台账，对机组利用停机机会对水冷套鼓包部位进行全面检查、监测，持续跟踪。

※ 案例 5　绥中 4 号机组 2010 年 10 月 14 日高温过热器爆管

绥中发电有限责任公司 4 号锅炉为东方锅炉厂生产的燃煤锅炉。2010 年投产，锅炉型式为超超临界、变压直流炉、对冲燃烧方式、固态排渣、单炉膛、一次再热、平衡通风、露天布置、全钢构架、全悬吊 Π 形结构。锅炉型号为 DG3030/26.25–ΠΙ 型。

1. 检查处理情况

绥中 4 号锅炉 72m 高温过热器处爆管。

2. 原因分析

基建施工遗留物（一只 M14×70mm 的单头螺栓）卡在管内弯头部位。爆裂管子材质为 T92。绥中 4 号炉高温过热器弯头异物堵塞见图 D−87。

图 D−87　绥中 4 号炉高温过热器弯头异物堵塞

3. 防范措施

基建机组在完成蒸汽吹管后，使用内窥镜对联箱内部进行异物检查及打捞清理。

（十）焊接缺陷

※ 案例 1　蓬莱 1 号机组 2021 年 8 月 10 日水冷壁泄漏

国家能源蓬莱发电有限公司 1 号发电机组为 330MW 亚临界氢冷供热机组。由哈尔滨锅炉厂制造，型号为 HG−1025/17.5−YM15；额定主蒸汽压力 / 再热蒸汽压力为 17.50/3.72MPa；额定主蒸汽温度 / 额定再热蒸汽温度为 541/541℃。

1. 检查处理情况

检查发现后墙冷灰斗处（标高 9050mm）由左向右数第 101 根水冷壁（规格 ϕ 44.5×5.5mm，材质为 20G，光管）焊口处，正对炉膛方向有一绿豆粒大小般的漏点。扩大检查相邻左边 2 根、右边 1 根同规格及材质管子被吹损减薄超标。更换后墙冷灰斗水冷壁共计 4 根管子。

2. 原因分析

2021 年 5 月份 1 号机组 C 级检修对后墙水冷壁左数 97~102 管在标高 8450~10000mm 之间由于被大焦砸伤进行了更换。通过对存档片子进行再次核检，发现疑似未溶现象。经对割除的管子内部焊口进行检查，发现泄漏管子焊口内部突出过高，证实焊口焊接过程中确实存在焊接未溶现象。经过长时间运行，管道内部高压介质不断冲蚀未溶部位，导致焊口由里向外逐渐贯穿泄漏。泄漏水冷壁焊口内部检查情况见图 D-88。

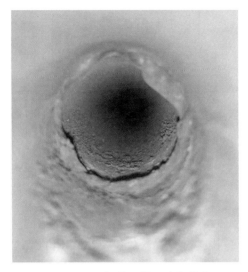

图 D-88　泄漏管子焊口内部检查

3. 防范措施

全面排查 1 号锅炉后墙冷灰斗由左向右数第 101 根水冷壁漏点情况，举一反三检查临近及对面管道，扩大冷灰斗水冷壁检查测厚范围，发现减薄超标立即更换。

※ 案例 2　锦界 6 号机组 2021 年 3 月水冷壁泄漏

锦能公司 5、6 号机组锅炉型号为 SG2060/29.3-M6021，上海锅炉厂生产，超超临界直流炉，一次中间再热、四角切圆燃烧、平衡通风、Π 形布置，全钢架悬吊结构，固态排渣。炉膛由膜式水冷壁组成，从炉膛冷灰斗进口到标高 51.5m 处炉膛四周采用螺旋管圈，管子规格为 $\phi 38 \times 7mm$，15CrMoG，管间用扁钢焊接形成完全密封炉膛。

1. 检查处理情况

检查发现，泄漏位置为水冷壁右侧墙后部 22m 处水冷壁发生了泄漏。材质为 15CrMoG，规格为 $\phi 38 \times 7mm$。水冷壁泄漏形貌及管子内部检查情况见图 D-89。对泄漏的 2 根水冷壁管及冲刷减薄的 5 根水冷壁管进行更换。

2. 原因分析

（1）宏观检查水冷壁内外管壁，初步判断渗漏原因为施工期间焊接水冷壁鳍片时对原始管材造成损伤，在补焊过程中发生穿透性缺陷，导致管壁强度下降，运行过程发生泄漏。原始漏点冲击相邻管壁，冲刷减薄后新增 2 个漏点。

（2）该渗漏点属于补焊打磨作业后出现的问题，现场宏观检查无法发现。

初始漏点

（a）　　　　　　　　　　　　　　　　　　　（b）

图 D-89　锦界 6 号炉水冷壁泄漏形貌及管子内部检查情况

（a）初始漏点形貌；（b）泄漏管内部检查

3.防范措施

（1）对 6 号炉主燃烧区域水冷壁进行全面排查。

（2）确定泄漏部位焊接鳍片人员，并对该焊工已焊接区域进行重点检查。

（3）外聘经验丰富的高压焊工进行焊接作业，严格执行焊接工艺，安排专人进行全过程旁站监督。

※ 案例 3　绥中 4 号机组 2020 年 10 月 23 日高温过热器分配集箱角焊缝断裂

绥中发电有限责任公司 4 号锅炉为东方锅炉厂生产的燃煤锅炉。2010 年投产，锅炉型式为超超临界、变压直流炉、对冲燃烧方式、固态排渣、单炉膛、一次再热、平衡通风、露天布置、全钢构架、全悬吊 Ⅱ 形结构。锅炉型号为 DG3030/26.25- Ⅱ 1 型。

1.检查处理情况

进入热罩检查，发现高温过热器出口联箱左数第 15 屏分配集箱第 13 根管管接头角焊缝断裂，吹损周围 9 根受热面管，共计 10 根（第 9~18 根，规格为 $\phi 45 \times 11$mm，材质为 SA-213T92）。高温过热器分配集箱角焊缝断裂形貌见图 D-90。

对漏点及吹损区域受热面管更换，并对泄漏部位周围的受热面管管接头角焊缝进行了全面的检查，未发现裂纹。

2.原因分析

4 号锅炉高温过热器出口联箱左数第 15 屏分配集箱第 13 根管管接头角焊缝断裂泄漏造成停炉。管接头角焊缝断裂的主要原因是焊接过程中未严格执行焊接工艺，在热影响区形成了连续的 δ 铁素体，破坏了金属的连续性，导致管接头角焊缝在运行中开裂并最终脱落。

3.防范措施

对 3、4 号机组 A 级检修期间对锅炉热罩内屏式过热器、高温过热器、高温再热器出口分配集箱管座角焊缝按规定进行抽查，如发现类似缺陷进行扩大检查。

图 D-90 高温过热器分配集箱角焊缝断裂形貌

※ 案例 4 绥中 2 号机组 2020 年 8 月 14 日顶棚水冷壁泄漏

绥中电厂 2 号炉为俄罗斯塔罗干罗格锅炉厂生产的 ПП–2650–25–545 КТ 锅炉,左右对冲、固态排渣,主蒸汽压力 / 再热蒸汽出口压力 25/3.62MPa,主蒸汽温度 / 再热蒸汽出口温度 545/545℃。

1. 检查处理情况

检查发现 2 号炉 B 侧后墙水冷壁与顶棚水冷壁(规格为 $\phi 32 \times 6$mm、材质为 12Cr1MoV)连接部位首先发生泄漏,将 B 侧后数第一根顶棚水冷壁管吹损泄漏(第二漏点),第二漏点汽流喷射至后墙水冷壁,又将后墙水冷壁首漏点下方的水冷壁管吹漏两处(第三、第四漏点,其中第四漏点与首漏点为同一根管),第三、第四漏点将对面 Ⅱ、Ⅲ 级屏式过热器部分管子吹损,并将 Ⅱ 级屏式过热器第一屏第 17 根管(由炉中心向炉外侧数)吹损减薄爆破。

共更换泄漏及损伤的受热面管 28 根。

通过查询档案并与广东火电共同确认,首漏点区域的密封施焊焊工某焊工,资质为高压焊工,派工单显示该焊工仅进行了 1 天的水冷壁密封焊接工作,焊接区域为 2 号炉 B 侧 Ⅱ、Ⅲ 级屏式过热器部位后墙水冷壁与顶棚水冷壁的角部密封。

2. 原因分析

通过宏观检查发现,后墙水冷壁管首漏点部位内壁残留有长约 6mm 金属丝(经判定为 CO_2 保护焊丝)。从漏点情况分析,在 2 号锅炉受热面改造期间对后墙水冷壁与顶棚水冷壁角部密封进行 CO_2 保护焊接过程中,焊工操作不当,焊接时将后墙水冷壁管材击穿并在管内残留约 6mm 长焊丝,该焊工未按规定上报,私自进行补焊,补焊强度不足,导致焊接缺陷遗留。连续运行导致缺陷不断扩展,最终造成后墙水冷壁泄漏。

绥中 2 号炉顶棚水冷壁泄漏管剖开检查情况见图 D-91。

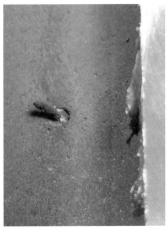

图 D-91　顶棚水冷壁泄漏管

3. 防范措施

（1）全面检查前后墙水冷壁与顶棚水冷壁角部密封焊缝，并对此焊工所焊接区域的焊缝进行重点检查。

（2）严格执行质检表单对焊接工作进行全过程监控，发现焊接参数发生变化、焊口外观存在异常及时叫停并处理。

※ 案例 5　福州 1 号炉 2019 年 4 月 25 日高温再热器泄漏

福州公司发电机组 2 台 600MW 超临界发电机组，锅炉型号为 HG-1913/25.4-YM3，哈尔滨锅炉厂生产，额定主蒸汽压力 / 再热蒸汽出口压力为 25.4MPa/4.21MP；额定主蒸汽温度 / 再热蒸汽出口温度为 571℃ /569℃。

1. 检查处理情况

检查发现第 30 屏第 1 号管在顶棚处的异种钢焊缝上方熔合区出现一条平行于焊道方向的贯穿性裂纹，长度为 92mm，确认为第一泄漏口，该泄漏口方向正对炉后方向，泄漏后冲刷旁边的左数第 30 屏第 1 号管，该管泄漏后又冲刷左右侧的管屏和顶棚管，这些管子泄漏后又反向冲刷对面的管屏和顶棚管，最终导致 13 根管子泄漏。

2. 原因分析

（1）高温管屏的 TP347/T91 异种钢焊接接头存在较大的热疲劳及内外应力叠加的安全隐患，随机组运行时间的延长接头出现失效的概率也增大。

（2）因 TP347/T91 异种钢接头在运行 5 万 h 后性能逐步开始下降，脆化趋势加大。

（3）由于该区域管屏较密，空间狭小，普通的 X 射线无法进行探伤检测，对管屏的检测和诊断带来一定的困难，存在一定的死角。

（4）金属监督工作不到位，对运行时间超过 5 万 h 奥氏体耐热钢的炉内 T91 与 TP347 异种钢接头金属监督检测不足，未进行理化分析，采取的检测手段单一。

3. 防范措施

（1）逐步将高温受热面管屏中的 TP347/T91 异种钢接头进行更换并将其移动到顶棚管上方大包内，彻底消除 TP347/T91 异种钢接头高温疲劳断裂这一隐患。

（2）机组运行中加强运行监视调整，防止管屏超温，严格执行升温升压曲线，防止温度突变。

（3）利用伽马源射线拍照方式对该区域进行全面排查、检测。

（4）认真落实金属监督各项技术要求，制订合理的检查计划，对发现的问题及时安排进行治理。

（5）采用相关无损检测的新技术提高缺陷排查准确性，提高检测效率，避免漏检。

※ 案例 6 沧东 3 号机组 2015 年 12 月 18 日水冷壁对接焊缝泄漏

沧东 3 号锅炉由四川东方锅炉集团设计供货，其型号为 DG1025/18.2- Ⅱ 6 型。锅炉型式为亚临界参数、四角切圆燃烧方式、自然循环汽包炉，单炉膛 Π 型布置，燃用烟煤，一次再热、平衡通风、固态排渣、全钢架、全悬吊结构。

1. 检查处理情况

锅炉 2 号角水冷壁标高 48.273m SOFA 风上沿数第 22 根水冷壁螺旋管在从后墙向左侧墙转弯后第一道焊缝纵向开裂，裂纹长约 15mm，位于焊口中间（管材质为 15CrMoG，管子规格为 $\phi 38.1 \times 7.2$mm）。沧东 3 号炉水冷壁对接焊缝开裂泄漏见图 D-92。

图 D-92 沧东 3 号炉水冷壁对接焊缝开裂泄漏

2. 原因分析

检查 SOFA 风上部转角处水冷壁焊接存在较多折口，由于该焊口在安装焊接时采用焊接线能量较大，产生较大的残余拉应力，在运行过程中叠加了较大的鳍片拉伸力，导致该焊缝出现应力释放裂纹并扩展，最终产生泄漏。

3. 防范措施

（1）完善防磨防爆检查计划方案，对 3、4 号炉 SOFA 风、燃烧器等相似部位进行重点监督检查，对焊缝及鳍片进行探伤检验，出现裂纹及时进行更换。

（2）每次 C 级及以上检修定期截取相似部位焊接接头，对焊缝组织进行检验分析，离焊缝中心线 30mm 处的直管进行水冷壁管椭圆度监督检验。

※ 案例 7　宁东 1 号机组 2014 年 4 月 3 日水冷壁换管泄漏

宁东公司 1、2 号锅炉为东方锅炉厂制造循环流化床、亚临界参数，一次中间再热，自然循环汽包炉、平衡通风、全钢架悬吊结构、型号为 DG-1177/17.5-Ⅱ3。

1. 检查处理情况

锅炉 38mC 烟窗旁 A 侧第 280 根水冷壁安装焊口向下 200mm 处泄漏。宁东 1 号炉水冷壁补焊点开裂泄漏见图 D-93。

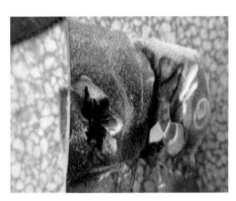

图 D-93　宁东 1 号炉水冷壁补焊点开裂泄漏

2. 原因分析

承包商管控失效、检修施工过程监管不到位、过程监管失效、检修质量验收工艺标准覆盖存在盲区、检修管理存在漏洞、风险预控管理存在漏洞。水冷壁换管时，施工人员在鳍片密封焊接中，电弧误伤烧穿非工作区域水冷壁管壁，私自进行了补焊处理，焊接质量不良，启机后裂纹扩展导致泄漏。

3. 防范措施

（1）加强施工管控。

（2）严格执行检修工艺质量标准。

※ 案例 8　锦界 3 号机组 2013 年 3 月 21 日水冷壁焊口裂纹泄漏

锦能公司 3 号炉是上锅生产的 SG-2093/17.5-M910 型亚临界参数 Ⅱ 形汽包炉。锅炉采用控制循环、一次中间再热、单炉膛、四角切圆燃烧方式、燃烧器摆动调温、平衡通风、固态排渣、全钢悬吊结构、紧身封闭布置。

1. 检查处理情况

低氮燃烧器改造后，进行水压试验检查发现局部焊口出现轻微渗漏，经对所有焊口进行金属无损渗透检验，共发现裂纹 10 处，均分布在炉膛内水冷壁管有防磨涂层的焊缝处。锦界 3 号炉水冷壁换管焊口开裂泄漏见图 D-94。

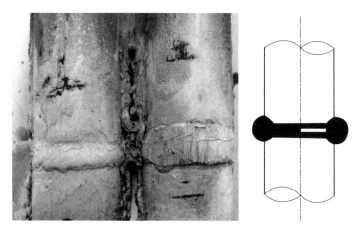

图 D-94 锦界 3 号炉水冷壁换管焊口开裂泄漏

2. 原因分析

燃烧器高负荷区域和短吹灰器周围进行过金属热喷涂,改造时焊口施焊前,水冷壁管的外部清理长度不足、打磨清洁程度不够,造成焊口端部管段存在喷涂时残余的金属或非金属元素,熔合在焊缝中,造成局部淬硬组织,产生延迟裂纹。

3. 防范措施

(1) 对涉及防磨涂层区域的所有焊口返工处理。

(2) 对口部位力求避开涂层区域,不能避开时要彻底清除防磨涂层,全部露出金属光泽,并进行光谱、硬度检查合格后施焊。

※ 案例 9 徐州 2 号机组 2013 年 7 月 29 日喷燃器水冷套弯头内弧补焊泄漏

徐州 2 号锅炉为 SG3099/27.46-M545 型,是由上海锅炉有限公司引进 Alstom-Power 公司技术生产的超超临界参数变压运行螺旋管圈直流炉。锅炉采用一次再热、单炉膛单切圆燃烧、平衡通风、露天布置、固态排渣、全钢构架塔式布置。

1. 检查处理情况

50m 层 1 号角喷燃器水冷套炉前侧弯头内弧泄漏(材质为 T23,规格为 $\phi 38.1 \times 6.8mm$)。

2. 原因分析

作业空间非常狭小的情况下,采用补焊处理冲刷减薄缺陷;对狭窄空间补焊技术方案评估不全面、质量管控不到位;补焊焊接过程中未能及时发现补焊过程中发生的缺陷。

徐州 2 号炉燃烧器水冷套弯头补焊处开裂泄漏见图 D-95。

图 D-95　徐州 2 号炉燃烧器水冷套弯头补焊处开裂泄漏

3. 防范措施

（1）掌握落实 T23 管材焊接技术。

（2）对补焊的 16 处水冷壁管进行射线探伤检查、更换。

（3）检修中对喷燃器区域水冷壁重点检查，在喷嘴边增装导流板、对喷燃器区域水冷壁进行防磨喷涂。

（十一）管材原始缺陷

※ 案例 1　灵武 3 号机组 2021 年 1 月 14 日省煤器出口集箱排气管泄漏

灵武公司 3 号发电机组为 106 万 kW 空冷超超临界燃煤机组，由东方锅炉厂制造；型号为 DG3100/26.15-Ⅱ1，主蒸汽流量 / 再热蒸汽流量为 2872.5/2343.9t/h，主蒸汽压力 / 再热蒸汽出口压力为 25.98/4.55MPa，主蒸汽温度 / 再热蒸汽出口温度为 605/603℃，前后墙对冲燃烧方式，固态除渣。于 2010 年 12 月 28 日投产。

1. 检查处理情况

在炉顶热罩后侧开孔进行检查，发现标高约 76m 处高温再热器出口集箱上部省煤器出口集箱放气管子泄漏且弯曲变形。

割管检查发现爆口处管子母材沿圆周方向约 1/2 母材撕裂，爆口附近约 1.4m 范围内有明显轴向裂纹，爆口附近管径存在明显涨粗，撕裂母材长 130mm，宽 50mm，爆口内外壁有明显氧化皮，边缘减薄严重；距爆口 50mm 处有轻微涨粗。

灵武 3 号炉省煤器排气管泄漏见图 D-96。

2. 原因分析

排气管设计材质不合理，基建施工管路布置不合理，省煤器排气管按照省煤器出口集箱的管材设计，没有考虑到环境温度对其的影响，且排气管经过高温再热器等高温区域再出大包，管道布置不合理，排气管存在夹杂物原始缺陷，且部分夹杂物呈线性分布状态等因素造成管壁长期超温过热，导致省煤器出口集箱排气管泄漏。

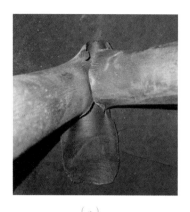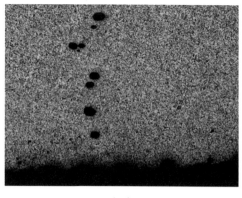

（a） （b）

图 D-96 灵武 3 号炉省煤器排气管泄漏

（a）省煤器出口集箱放气管子泄漏且弯曲变形；（b）排气管夹杂物原始缺陷

3. 防范措施

将省煤器出口集箱排气管自距集箱 1.5m 处直接穿出大包，并加装隔离门，进行临时处理，待 2021 年检修期恢复至原设计并将省煤器出口集箱排气管子全部更换为 12Cr1MoV。

※ 案例 2 和丰 1 号机组 2020 年 8 月 6 日屏式再热器泄漏

和丰 1 号机组锅炉系武汉锅炉厂生产的 WGZ1079/17.5-1，亚临界参数，一次中间再热，自然循环汽包炉，单炉膛，四角切圆燃烧，摆动燃烧器调温，平衡通风，固态排渣，全钢构架，Π 形锅炉，于 2012 年 7 月通过 168 运行正式开始商运。

1. 检查处理情况

检查发现共计 4 处泄漏管段，存在对吹现象，位于 46.94m 屏式再热器右数第 10 屏、第 11 屏迎火侧，均为外数第一圈弯管内弧和第二圈弯管外弧泄漏。

对泄漏屏式再热器管进行光谱分析，材质与图纸材质一致。检查屏式再热器第 10 屏、11 屏泄漏管排其他部分无蠕胀、变形、错位、减薄现象，附近管屏无异常；泄漏管段内部光洁无异物，查阅壁温测点屏式再热器无壁温超温情况，查阅历次检修记录屏式再热器区域受热面管无减薄情况。且其均处于弯管内弧，无受飞灰冲蚀和附近吹灰器吹损的可能性。经分析判断第十一屏第一圈弯管内弧泄漏点外观呈条形状，长度约 62mm，宽度约 20mm，爆口边缘处呈刀刃状。

和丰 1 号炉屏式再热器泄漏见图 D-97。

2. 原因分析

根据第十屏第一圈弯管内弧存在环形裂纹缺陷，进一步分析屏式再热器第十一屏第一泄漏点（初始泄漏点），内弧存在晶间腐蚀和沿晶裂纹，最终出现泄漏。

管材在出厂前产品弯管存在原始质量问题，运行过程中产生应力，导致出现缺陷直至泄漏。

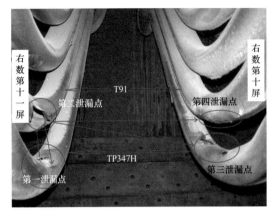

（a） （b）

图 D-97 和丰 1 号炉屏式再热器泄漏

（a）泄漏路径示意；（b）第一泄漏点形貌

3. 防范措施

对 1 号炉屏式再热器弯头情况进行全面测厚检查，利用 1 号机组 C 级检修机会对此部位进行取样送检并做重点检查。

※ 案例 3 沈西 1 号机组 2020 年 5 月 25 日分隔屏过热器泄漏

沈西热电厂 1 号机组为 300MW 燃煤汽轮机组，锅炉为哈尔滨锅炉厂制造，型号为HG1125/17.5-HM。主蒸汽流量 / 再热蒸汽流量为 1125/927 t/h，主蒸汽 / 再热蒸汽出口压力为 17.5MPa/3.77MPa；主蒸汽 / 再热蒸汽出口温度 540℃/540℃。采用中速磨煤机直吹式制粉系统、直流式煤粉燃烧器四角布置，切圆燃烧；一次再热、平衡通风，三分仓容克式空气预热器，干式排渣，全钢构架，悬吊结构，运转层以上为紧身封闭，于 2012 年 4 月 26 日投产。

1. 检查处理情况

分隔屏第 2 大屏、第 4 小屏的夹持管断管漏泄。对过热器分隔屏 24 组夹持管进行更换。由原 $\phi 51 \times 7mm$，材质为 TP304H，改为 $\phi 51 \times 7mm$，材质为 TP347H。

2. 原因分析

分隔屏夹持管（管径规格为 $\phi 51 \times 7mm$，材质为 TP304H）经国电科学技术研究及辽宁电科院的金属专家实地检查，夹持管 S 弯存在由内而外的横向密集裂纹，金相失效分析原因为"晶间腐蚀"造成。认定问题为奥氏体不锈钢管在制造过程中，未进行固溶处理工艺，经过 5 万 h 左右的运行时间集中发生金属失效，另外管材受热强度及温度的频繁变化也加快了金属失效。

3. 防范措施

（1）对 1、2 号炉后屏过热器夹持管弯头进行检测，对 1 号炉分隔屏过热器夹持管 24 根全部进行升级改造。

（2）生产部、维修部在计划性检修中，应对过热器、再热器等"四管"进行全方位、多层次的逐根检查。相关人员作业前进行安全技术交底和风险分析，提高人员安全风险意识，严格执行防止四管泄漏的各项安全技术措施。

※ 案例4　定州2号机组2016年水冷套胀粗

上海锅炉厂制造的600MW亚临界锅炉，型号分别为SG-2028/17.5，采用摆动燃烧器调温、四角布置、切向燃烧，正压直吹式制粉系统、单炉膛、Ⅱ形布置、固态排渣、全钢架结构、平衡通风方式。

1. 检查处理情况

2016年2号机组检修锅炉防磨防爆检查发现四角燃烧器水冷套每根管子均存在多处胀粗现象，胀粗值为52.5 ~ 54.5mm，由于水冷套内螺纹管子规格为 $\phi 51 \times 5.7$mm，管子材质为SA-210 A1，管子外径胀粗值应小于外径3.5%，因此，2号锅炉四角燃烧器水冷套管子普遍胀粗超标。定州2号炉燃烧器水冷套胀粗见图D-98。

2. 原因分析

低氮燃烧器改造中，燃烧器水冷套制造过程中热校正时工艺控制不当，校正温度超过工艺规定温度，经长期运行在压力和高温下水冷套热校正区域的应力进一步释放，应力释放过程中使得校正区域产生胀粗，胀粗超标后严重影响锅炉水冷壁安全运行。

3. 防范措施

将水冷套管子胀粗部位进行更换。

图 D-98　定州2号炉燃烧器水冷套胀粗

※ 案例5　台山4号机组2015年8月5日分隔屏过热器弯头内侧裂纹泄漏

台山4号锅炉是上锅生产的亚临界、控制循环、四角切圆直流燃烧器、一次中间再热、单炉膛平衡通风、固态排渣、全钢构架的汽包炉。过热器出口温度为541℃，再热器出口温度为541℃。

1. 检查处理情况

分割屏从右往左数第 4 屏，炉后至炉前数第 1 小屏最内圈管子在弯头内侧横向存在微裂纹，导致泄漏。泄漏处位于分隔屏弯管起弯点内侧。开裂处沿圆周方向有细微的皱褶痕迹，有一定的疲劳迹象。连续发生 3 次。台山 4 号炉分隔屏过热器弯头裂纹泄漏见图 D-99。

图 D-99　台山 4 号炉分隔屏过热器弯头裂纹泄漏

2. 原因分析

受热面管在弯制时，容易使弯管产生不同类型的缺陷，且弯后未进行热处理。内侧管壁在弯曲应力的作用下，可能出现失稳而起皱，导致在弯管起弯的前切点处产生微小的皱折，机组运行中产生疲劳，逐步扩展而导致开裂失效。

对断口进行电镜扫描可见，断口表面已经大部分锈蚀，断裂起始于外表面的缺陷处，断口面上有多个台阶，可见二次裂纹，表征为疲劳断裂的疲劳辉纹。

3. 防范措施

对分隔屏其余部位合计 35 根最内圈弯管全部进行更换。

※ 案例 6　定州 3 号机组 2010 年 12 月 14 日末级过热器下弯头 T91 爆管

定州 3 号锅炉为超临界参数变压运行直流炉，型号为 SG-2150/25.4-M976，采用四角切向燃烧方式、一次中间再热、单炉膛平衡通风、固态排渣、半露天布置、炉前低封、全钢构架的 Π 型布置。

1. 检查处理情况

末级过热器第 21 排 13 圈下弯头爆管，材质为 T91。

2. 原因分析

根据已抽检的右数第 21 排、第 32 排、第 33 排末级过热器外 13 圈管下弯头部分的检测报告显示金相组织完全老化 (金属老化等级均判定为 4.5~5 级)、力学性能低于标准下限值。

13 圈下弯头原始供货状态存在问题。分析为：末级过热器第 13 圈下弯头是小弯曲半径弯头，由上锅外委加工。弯制时的热加工过程（正火 + 回火），由于工艺控制不当易造成弯头原始金相组织不合格，弯制后上锅不对弯头的金相组织进行验收，使外委加工不合格的弯头使用在产品中成为可能。台山 4 号炉分隔屏过热器弯头裂纹泄漏见图 D-100。

3. 防范措施

对相同部位弯头进行取样检验，排除普遍性老化。

（a） （b）

图 D-100 台山 4 号炉分隔屏过热器弯头裂纹泄漏

（a）分隔屏过热器弯头裂纹泄漏现场；（b）泄漏点形貌

※ 案例 7 沧东 4 号机组 2010 年 3 月 9 日后屏过热器 T91 裂纹泄漏

沧东 4 号锅炉为上海锅炉厂生产的 SG-2080/25.4-M969 型超临界参数变压运行螺旋管圈直流炉，四角切向燃烧方式、一次中间再热、单炉膛平衡通风、固态排渣、半露天布置，全钢构架 Π 形布置，过热器出口温度为 571℃，再热器出口温度为 569℃。

1. 检查处理情况

后屏过热器第 14 屏第 6 根漏泄，材质为 T91。沧东 4 号炉后屏过热器裂纹泄漏见图 D-101。

2. 原因分析

管上有两条纵向贯穿性裂纹，裂纹由管子内壁向外壁开裂。管子加工后检测时，端头部位是检验的盲区，出厂前未将端头 200mm 管段裁除，将存在缺陷管子供给了锅炉厂。

3. 防范措施

对焊口附近 200mm 区域管材进行检测。采用导波检测方法并进行射线探伤复查验证。

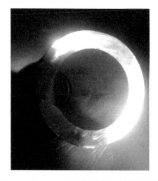

图 D-101 沧东 4 号炉后屏过热器裂纹泄漏

※ 案例 8　大港 1 号机组 2009 年 4 月 9 日 1 号低温过热器爆管泄漏

大港发电厂 1 号炉为上海锅炉厂生产的亚临界、控制循环、一次中间再热、单炉膛、四角切圆燃烧方式、燃烧器摆动调温、平衡通风、固态排渣、全钢悬吊结构、露天布置汽包锅炉，型号为 SG1080、17.67–M866，主蒸汽压力 / 再热蒸汽出口压力为 17.6MPa/3.487MPa，主蒸汽温度 / 再热蒸汽出口温度 541℃ /541℃。

1. 检查处理情况

首爆点为二级低温过热器第 48 排第 1 根弯头内弧爆开。大港 1 号炉低温过热器弯头裂纹泄漏见图 D–102。

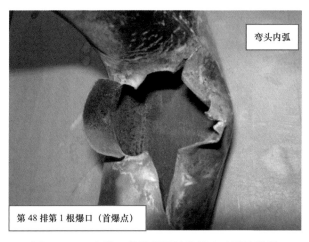

图 D–102　大港 1 号炉低温过热器弯头裂纹泄漏

2. 原因分析

（1）第 48 排第 1 根爆口上看，此爆口基本是沿管子轴向方向爆开的，从爆口上看发现管子内壁上存在着可见划痕，按照 GB/T 5310—2017 高压锅炉无缝钢管制造标准，内壁的轴向缺陷深度不应超过管壁厚度的 5%，对于此管为 0.25mm，由此可见此管存在着原始缺陷造成突然爆管现象。

（2）根据停炉检查情况也可证明第 48 排第 1 根管的爆破是原始管子内部存在缺陷造成的。因为在检查第 48 排第 1 根管相邻管子时并没有发现其他管子有灰冲刷超标现象，经检查发现只有靠左右包墙两侧存在着灰冲刷磨损现象，并且经过灰冲刷磨损的弯头部位只是在弯头的两侧最薄，而弯头内弧中间部位壁厚均在 5.5~6.5mm 之间，然而第 48 排第 1 根管的爆口正处于弯头内弧中间部位，这一点证明此管弯头处存在着原始缺陷。

3. 防范措施

调研检查方法，利用检修机会，对同类弯头原始缺陷进行抽查。

※ 案例 9　台山 5 号机组 2009 年 4 月 1 日低温过热器下弯头裂缝泄漏

台山 5 号锅炉是上锅生产的亚临界、控制循环、四角切圆直流燃烧器、一次中间再热、单炉膛平衡通风、固态排渣、全钢构架的汽包炉。过热器出口温度为541℃，再热器出口温度为541℃。

1. 检查处理情况

低温过热器中组前部下弯头右数第52排下数第4个弯头侧弧有条状贯穿性裂缝。台山5号炉低温过热器弯头裂纹泄漏见图D-103。

2. 原因分析

加工弯头过程中，经拉拔弯制加工产生原始划痕，运行压力及冷热交变应力作用下致使扩展开裂。或弯制过程中弯曲部位温度分布不均匀，温度偏低导致弯管弯制后侧弧部位应力集中，造成冷裂纹。

3. 防范措施

采用导波检测方法并进行射线探伤复查验证，更换缺陷弯头。

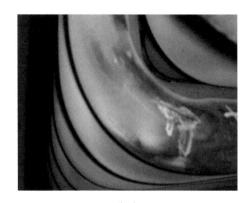

（a）　　　　　　　　　　　　（b）

图D-103　台山5号炉低温过热器弯头裂纹泄漏

（a）弯头侧弧条状贯穿性裂缝；（b）弯头上加工产生的原始划痕

（十二）其他原因

※ 案例1　国能浙能宁东2号机组2021年11月1日冷灰斗水冷壁砸伤泄漏

宁东2号机组锅炉系哈尔滨锅炉厂生产的HG-3239/29.3-YM5型超超临界变压运行直流炉，采用Ⅱ形布置、单炉膛、一次再热、平衡通风、紧身封闭布置、固态排渣、全钢构架、全悬吊结构、双切圆燃烧方式。

1. 检查处理情况

检查发现后水冷壁冷灰斗部位标高7.5m处从炉左向右数管号第650~654根因燃烧器喷口格栅脱落砸伤减薄后泄漏，管号647~649因泄漏点吹损减薄超标，后水冷壁冷灰斗部位标高7m处从炉左向右数管号274~276因燃烧器喷口格栅脱落砸伤减薄超过原始壁厚25%以上（超标）。浙能宁东2号炉冷灰斗水冷壁砸伤泄漏见图D-104。

（a） （b）

图 D-104 浙能宁东 2 号炉冷灰斗水冷壁砸伤泄漏

（a）脱落的燃烧器喷嘴格栅形貌；（b）水冷壁 274~276 号水冷壁管砸伤

对上述两个区域减薄、泄漏的水冷壁管进行更换，共 11 根。

做其他检查如下：

（1）对后水冷壁 651~654 管对应的节流孔圈割管检查正常，无异物、无堵塞。

（2）对所有水冷壁完成射线检测，全部合格。换管处鳍片全部焊接完成并验收合格。

（3）对水冷壁冷灰斗部位标高 49m 处从炉左向右数管号第 650、651、652 进行取样分析，检验结果金属金相检验为Ⅲ级，满足相关规程。

2. 原因分析

（1）综合分析判断为燃烧器喷口处格栅脱落，尖角砸伤，砸穿标高 7.5m 炉后冷灰斗区域的水冷壁第 651 根管。高压水汽冲刷邻近区域管壁，邻近管子漏点增多后，机组补水量持续增大。

（2）锅炉厂设计和供货的燃烧器喷口格栅设计结构不合理。供货的格栅耳板、固定挡块的厚度及防磨裕量不足，导致耳板磨损、变形、脱落。制粉系统一次风速偏高，加剧了喷口格栅的磨损。

3. 防范措施

对全部 48 个燃烧器进行检查，进行补焊加固。

※ 案例 2 焦作 1 号机组 2020 年 3 月 30 日侧包墙出口集箱管座角焊缝开裂泄漏

焦作电厂有限公司 1 号锅炉为上海锅炉厂有限公司生产的 SG-2024/26.15-M6009，超超临界参数、变压直流炉、单炉膛、一次再热、平衡通风、露天岛式布置、固态排渣、全钢构架、全悬吊结构、切圆燃烧方式，Ⅱ 形锅炉。

1. 检查处理情况

锅炉冷却后，于 2020 年 4 月 2 日对锅炉受热面进行检查，检查发现 60m 延伸侧墙出口集箱右侧管座前往后数第 2 根管座角焊缝开裂，此次泄漏吹损水冷壁垂帘管 11 根，吹损延伸段右侧包墙管 2 根，流体冷却定位管 2 根。焦作 1 号炉侧包墙过热器出口集箱管座角焊缝开裂泄漏见图 D-105。

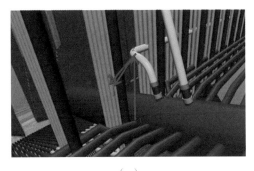

（a）　　　　　　　　　　　　　　　　（b）

图 D-105　焦作 1 号炉侧包墙出口集箱管座角焊缝开裂泄漏
（a）泄漏位置示意图；（b）角焊缝开裂泄漏形貌

2. 原因分析

（1）基建时期 1 号炉延伸侧墙出口集箱支撑梁漏装，导致集箱在运行中下坠，造成管子和联箱连接处应力增大，为管座角焊缝开裂的原因之一。

（2）鉴于 2 号炉相同部位出现裂纹，认为锅炉厂原始设计存在缺陷：一是联箱管接头没有补强，造成该处强度不足，长时间运行，造成焊缝开裂；二是延伸侧墙支吊方式不合理，导致受热面膨胀不畅，产生应力集中。

3. 防范措施

（1）补充延伸侧墙出口集箱支撑梁安装。

（2）对被耐火材料覆盖及安装到位后难以检查的部位，在受热面检修期间进行重点管控。

※ 案例 3　宁东 1 号机组 2019 年 10 月 2 日屏式过热器泄漏事件

宁东公司 1、2 号锅炉为东方锅炉厂制造循环流化床、亚临界参数，一次中间再热，自然循环汽包炉、平衡通风、全钢架悬吊结构、型号为 DG-1177/17.5-Ⅱ3。

1. 检查处理情况

检查确认 A 侧数 7 号屏式过热器前数第 1 根管 L 形弯的内弧处泄漏，将标高 30m 处前墙水冷壁从 A 侧数第 176~178 根管水汽冲刷减薄泄漏，泄漏水冷壁管反向又将 7 号屏式过热器 1 号管的直段吹损减薄泄漏。宁东 1 号炉屏式过热器疲劳泄漏见图 D-106。

2. 原因分析

（1）经专家分析确认，第 1 泄漏处外壁裂纹只有一条扩展到内壁，且外壁裂纹为张口状态，内壁裂纹未张口，说明裂纹由外壁向内壁扩展，为典型的交变热应力疲劳（温度变化引起的热疲劳）裂纹；屏式过热器 L 形弯处有扁钢连接，造成屏过下弯头处疲劳应力集中。机组投产以来运行中，启停炉、调峰等负荷变化时带来的交变应力而产生的疲劳损伤形成裂纹，最终导致泄漏。

（2）深度调峰时为控制管壁超温投入减温水，造成壁温波动大，加剧疲劳产生裂纹。

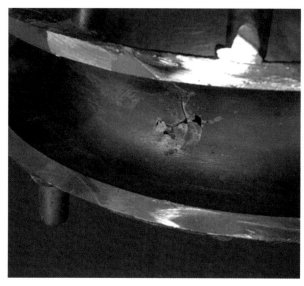

图 D-106　宁东 1 号炉屏式过热器疲劳泄漏

3. 防范措施

（1）在机组计划检修时对屏过至锅炉顶棚穿墙处膨胀进行抽查，并对屏过受热面全部加壁温测点。

（2）针对机组启停和正常运行期间，尤其是深度调峰工况，制定减温水和屏过壁温控制运行技术措施。

（3）修订检修标准项目，在计划性检修防磨防爆检查中，将屏式过热器穿墙管弯头的检查，作为防磨防爆检查的标准项目，每次机组计划性检修对其进行检查处理。

（4）对屏过原有的 L 形弯进行结构优化改造，并研究屏过金属材料升级问题，解决变负荷过程中，尤其是深度调峰期间减少过热器减温水量的使用，从根本上解决减少交变热应力。

※ 案例 4　元宝山 2 号机组 2019 年 1 月 14 日二级过热器悬吊管泄漏

元宝山电厂 2 号锅炉为德国斯坦缪勒公司生产的亚临界、一次上升、中间再热本生直流锅炉，八角切圆、固态排渣，主蒸汽压力 / 再热蒸汽出口压力为 18.5MPa/ 4.15MPa，主蒸汽温度 / 再热蒸汽出口温度为 545℃/545℃，于 1985 年 12 月投产。

1. 检查处理情况

1 月 15 日，检修人员进行入炉内检查发现，二级过热器从北向南数第 1 排悬吊管（共 8 排）从西向东数第 54 根悬吊管（共 100 根）发生爆口，同时二级过热器悬吊管发生爆口时瞬间产生的作用力将其移位至北墙水冷壁上，导致相邻的 6 根水冷壁管子有吹损减薄情况。

对漏泄的二级过热器悬吊管进行更换并复位，共计1根。更换减薄的水冷壁，共计6根。

2.原因分析

锅炉二级过热器悬吊管位于吹灰通道，为避免机组运行过程中吹灰磨损减薄在管子表面加装了对扣的防磨瓦，采用点焊固定方式，由于防磨瓦局部存在缝隙，历次水冲洗后灰水残存在防磨瓦内，腐蚀管材，导致管壁厚度逐渐减薄，金属使用强度降低，最终造成二级过热器泄漏。

3.防范措施

（1）利用停备机会，对所有二级过热器悬吊管进行检查，发现腐蚀点及时处理。

（2）利用等级检修机会，对二级过热器悬吊管进行全部更换。

附录 E 锅炉常用金属材料性能清单

锅炉常用金属材料性能清单（一）

序号	牌号	金相组织	晶粒度	化学成分（质量分数）%																
				C	Si	Mn	Cr	Mo	V	Ti	B	Ni	Al_tot	Cu	Nb	N	W	P	S
1	T91/P91 (10Cr9Mo1VNbN)	回火马氏体	≥4级	0.08~0.12	0.20~0.50	0.30~0.60	8.00~9.50	0.85~1.05	0.18~0.25	—	—	≤0.40	≤0.02	—	0.06~0.10	0.030~0.070	—	≤0.02	≤0.01
2	T92/P92 (10Cr9MoW2VNbBN)	回火马氏体	≥4级	0.07~0.13	≤0.50	0.30~0.60	8.50~9.50	0.30~0.60	0.15~0.25	—	0.001~0.006	≤0.40	≤0.02	—	0.04~0.09	0.030~0.070	1.5~2.0	≤0.02	≤0.01
3	T23/P23 (07Cr2MoW2VNbB)	回火贝氏体	≥4级	0.04~0.10	≤0.50	0.10~0.60	1.90~2.60	0.05~0.30	0.20~0.30	—	0.0005~0.0060	—	≤0.03	—	0.02~0.08	≤0.030	1.45~1.75	≤0.025	≤0.01
4	G102 (12Cr2MoWVTiB)	回火贝氏体	≥4级	0.08~0.15	0.45~0.75	0.45~0.65	1.60~2.10	0.50~0.65	0.28~0.42	0.08~0.18	0.0020~0.0080	—	—	—	—	—	0.30~0.55	≤0.025	≤0.015
5	T22/P22 (12Cr2MoG, 10CrMo9-10)	铁素体+珠光体	≥4级	0.08~0.15	≤0.50	0.40~0.60	2.00~2.50	0.90~1.13	—	—	—	—	—	—	—	—	—	≤0.025	≤0.015
6	12Cr1MoV	铁素体+珠光体	≥4级	0.08~0.15	0.17~0.37	0.40~0.70	0.90~1.20	0.25~0.35	0.15~0.30	—	—	—	—	—	—	—	—	≤0.025	≤0.01
7	15CrMo	铁素体+珠光体	≥4级	0.12~0.18	0.17~0.37	0.40~0.70	0.80~1.10	0.40~0.55	—	—	—	—	—	—	—	—	—	≤0.025	≤0.015
8	15Cr1Mo1V	铁素体+珠光体		0.12~0.20	0.20~0.60	0.40~0.70	1.20~1.70	0.90~1.20	0.20~0.40	—	—	—	—	—	—	—	—	≤0.030	≤0.030

续表

序号	牌号	金相组织	晶粒度	化学成分（质量分数）%															
				C	Si	Mn	Cr	Mo	V	Ti	B	Ni	Al$_{tot}$	Cu	Nb	N	W	P	S
9	TP304H (07Cr19Ni10)	奥氏体	4～7级	0.04~0.10	≤0.75	≤2.00	18.0~20.00	—	—	—	—	8.00~11.00	—	—	—	—	—	≤0.03	≤0.015
10	TP347H (07Cr18Ni11Nb)	奥氏体	4～7级	0.04~0.10	≤0.75	≤2.00	17.0~19.00	—	—	—		9.00~13.00	—	—	8C~1.10	—	—	≤0.03	≤0.015
11	TP347HFG (08Cr18Ni11NbFG)	奥氏体	7～10级	0.06~0.10	≤0.75	≤2.00	17.0~19.00	—	—	—		10.00~12.00	—	—	8C~1.10	—	—	≤0.03	≤0.015
12	Super 304H (S30432, 10Cr18Ni9NbCu3BN)	奥氏体	7～10级	0.07~0.13	≤0.30	≤1.00	17.0~19.00	—	—	—	0.0010~0.0100	7.50~10.50	0.003~0.030	2.50~3.50	0.30~0.60	0.050~0.120	—	≤0.03	≤0.010
13	HR3C (TP310HNbN、 07Cr25Ni21NbN)	奥氏体	4～7级	0.04~0.10	≤0.75	≤2.00	24.0~26.00	—	—	—		19.0~22.00	—	—	0.20~0.60	0.150~0.350	—	≤0.03	≤0.015
14	20G (SA210C)	铁素体+珠光体	≥4级	0.17~0.23	0.17~0.37	0.35~0.65	—	—	—	—		—	≤0.015	—	—	—	—	≤0.025	≤0.015

锅炉常用金属材料性能清单（二）

序号	牌号	Rm (MPa)	ReL (MPa)	A (%)	HBW 控制	焊条	焊丝	预热温度 (℃)	热处理温度 (℃)	≤12.5	12.5~25	25~37.5	37.5~50	50~75	75~100	100~125
1	T91/P91 (10Cr9Mo1VNbN)	≥585	≥415	≥20	185~250	E9015-B9 E9018-B9 CM-9Cb	ER90S-B9 TGS-9Cb	200~250	740~760	1	2	3	4~5	5~6	6~7	8
2	T92/P92 (10Cr9MoW2VNbBN)	≥620	≥440	≥20	185~250	E9015-G MTS616	ER90S-G	200~250	750~770	1.5	2	4	5~6	6~7	8~9	10
3	T23/P23 (07Cr2MoW2VNbB)	≥510	≥400	≥22	150~220	CM-2CW	TGS-2CW	150~200	720~740	0.5	1	1.5	2	3	4	5
4	G102 (12Cr2MoWVTiB)	540~735	≥345	≥18	160~220	R347	TIG-R34	200~300	750~770	0.75	1.25	2.5	4	—	—	—
5	T22/P22 (12Cr2MoG、10CrMo9-10)	450~600	≥280	≥22	125~180	E6015-B3 R407	TIG-R40	200~300	720~750	0.5	1	1.5	2	3	4	5
6	12Cr1MoV	470~640	≥255	≥21	135~195	R317	TIG-R31 H08CrMoVA	200~300	720~750	0.5	1	1.5	2	3	4	5
7	15CrMo	440~640	≥295	≥21	125~170	R307	TIG-R30 H08CrMoA	150~200	670~700	0.5	1	1.5	2	2.25	2.5	2.75
8	15Cr1Mo1V	≥490	≥345	≥15	160~220	R317	TIG-R31	200~300	720~750	0.5	1	1.5	2	3	4	5
9	TP304H (07Cr19Ni10)	≥515	≥205	≥35	140~192	A132 (E347) A137	H08Cr21Ni10 (ER308)									

续表

序号	牌号	常温力学性能				常用焊材		预热温度(℃)	热处理温度(℃)	焊后热处理时间(h)，不同焊件厚度(mm)						
		Rm (MPa)	ReL (MPa)	A (%)	HBW 控制	焊条	焊丝			≤12.5	12.5~25	25~37.5	37.5~50	50~75	75~100	100~125
10	TP347H (07Cr18Ni11Nb)	≥520	≥205	≥35	140~192	A132 (E347) A137	H08Cr19Ni10Ti (ER321) H08Cr20Ni10Nb (ER347)									
11	TP347HFG (08Cr18Ni11NbFG)	≥550	≥205	≥35	140~192	A132 (E347) A137	H08Cr19Ni10Ti (ER321) H08Cr20Ni10Nb (ER347)									
12	Super 304H (S30432、10Cr18Ni9NbCu3BN)	≥590	≥235	≥35	150~219		YT–304H ER304H ERNiCrCoMo–1									
13	HR3C (TP310HNbN、07Cr25Ni21NbN)	≥655	≥295	≥30	175~256		YT–HR3C ERNiCrCoMo–1									
14	20G (SA210C)	410~550	≥245	≥24	120~169	J426(E4316) J506(E5016)	TIG—J50	100~200	580~620	不必热处理		1.5	2	2.25	2.5	2.75

主要参考标准：

1. GB/T 5310—2017《高压锅炉用无缝钢管》

2. DL/T 438—2016《火力发电厂金属技术监督规程》

3. DL/T 819—2019《火力发电厂焊接热处理技术规程》

4. DL/T 869—2012《火力发电厂焊接技术规程》

5. DL/T 715—2015《火力发电厂金属材料选用导则》